全国渔业船员培训统编教材

农业部渔业渔政管理局　组织

轮 机 管 理

（海洋渔业船舶一级、二级轮机人员适用）

杨建军　谢加洪　刘黎明　编著

中国农业出版社

图书在版编目（CIP）数据

轮机管理：海洋渔业船舶一级、二级轮机人员适用/
杨建军，谢加洪，刘黎明编著 . —北京：中国农业出版
社，2017.3
　全国渔业船员培训统编教材
　ISBN 978-7-109-22613-5

　Ⅰ.①轮…　Ⅱ.①杨…②谢…③刘…　Ⅲ.①轮机管
理－技术培训－教材　Ⅳ.①U676.4

　中国版本图书馆 CIP 数据核字（2017）第 008015 号

中国农业出版社出版
（北京市朝阳区麦子店街 18 号楼）
（邮政编码 100125）
策划编辑　郑　珂　黄向阳
责任编辑　王金环

三河市君旺印务有限公司印刷　新华书店北京发行所发行
2017 年 3 月第 1 版　2017 年 3 月河北第 1 次印刷

开本：700mm×1000mm 1/16　印张：7
字数：105 千字
定价：38.00 元
（凡本版图书出现印刷、装订错误，请向出版社发行部调换）

全国渔业船员培训统编教材
编审委员会

丛书序

安全生产事关人民福祉，事关经济社会发展大局。近年来，我国渔业经济持续较快发展，渔业安全形势总体稳定，为保障国家粮食安全、促进农渔民增收和经济社会发展作出了重要贡献。"十三五"是我国全面建成小康社会的关键时期，也是渔业实现转型升级的重要时期，随着渔业供给侧结构性改革的深入推进，对渔业生产安全工作提出新的要求。

高素质的渔业船员队伍是实现渔业安全生产和渔业经济持续健康发展的重要基础。但当前我国渔民安全生产意识薄弱、技能不足等一些影响和制约渔业安全生产的问题仍然突出，涉外渔业突发事件时有发生，渔业安全生产形势依然严峻。为加强渔业船员管理，维护渔业船员合法权益，保障渔民生命财产安全，推动《中华人民共和国渔业船员管理办法》实施，农业部渔业渔政管理局调集相关省渔港监督管理部门、涉渔高等院校、渔业船员培训机构等各方力量，组织编写了这套"全国渔业船员培训统编教材"系列丛书。

这套教材以农业部渔业船员考试大纲最新要求为基础，同时兼顾渔业船员实际情况，突出需求导向和问题导向，适当调整编写内容，可满足不同文化层次、不同职务船员的差异化需求。围绕理论考试和实操评估分别编制纸质教材和音像教材，注重实操，突出实效。教材图文并茂，直观易懂，辅以小贴士、读一读等延伸阅读，真正做到了让渔民"看得懂、记得住、用得上"。在考试大纲之外增加一册《渔业船舶水上安全事故案例选编》，以真实事故调查报告为基础进行编写，加以评论分析，以进行警示教育，增强学习者的安全意识、守法意识。

相信这套系列丛书的出版将为提高渔民科学文化素质、安全意识和技能以及渔业安全生产水平，起到积极的促进作用。

谨此，对系列丛书的顺利出版表示衷心的祝贺！

农业部副部长 于康震

2017 年 1 月

前　言

　　《轮机管理（海洋渔业船舶一级、二级轮机人员适用）》一书是在农业部渔业渔政管理局的组织和指导下，由浙江省海洋与渔业局、浙江海洋大学、舟山航海学校共同承担编写任务，按照《农业部办公厅关于印发渔业船员考试大纲的通知》（农办渔〔2014〕54 号）中关于渔业船员理论考试和实操评估的要求而编写的。参加编写的人员都是具有多年教学和船上工作经验的教师或行业管理人员。

　　本书内容紧扣农业部最新渔业船员考试大纲，突出适任培训和注重实践的特点，并且融入了编者多年的教学培训经验和实操技能，旨在培养船员在实践中的应用能力。本书适用于全国海洋渔业船舶一级、二级轮机人员的培训、学习和考试，也可作为船员上船工作的工具书。

　　本书共七章。第一、二、三、七章由浙江海洋大学杨建军编写；第四章由浙江省海洋与渔业局谢加洪编写；第五、六章由舟山航海学校刘黎明编写；全书由浙江海洋大学杨建军统稿。

　　限于编者经历及水平，书中错漏之处在所难免，敬请使用本书的师生批评指正，以求今后进一步改进。

　　本书在编写、出版过程中得到了农业部渔业渔政管理局、中国农业出版社等单位的关心和大力支持，特致谢意。

编　者

2017 年 1 月

目 录

第一章　渔船基础知识

第一节　渔船的发展与分类

一、渔船的发展概况

中国渔船经历了从"舟筏风帆时代"到如今"柴油机时代"的发展，目前是世界上渔船数量最多的国家，约占世界渔船总数的1/4，其中海洋机动渔船总数近40万艘。但大部分海洋渔船渔业装备、捕捞和加工方式还是比较落后，危旧渔船数量众多。渔船呈现"五多五少"特征，即小型渔船多，大型船舶少；木质渔船多，钢质渔船少；老旧渔船多，新造渔船少，全国海洋渔船船龄普遍偏高；沿岸渔船多，远海渔船少；能耗投入多，效益产出少。近几年来，随着科技的进步和经济的迅速发展及国家对渔业的扶持力度不断加大，我国各类海洋渔船渔业装备日渐更新，尤其是远洋渔船趋向大型化，通信导航和制冷加工技术快速发展，使其在捕捞公海渔业资源时收获颇丰，充分地利用了海洋渔业资源。

二、渔船的分类

从事渔业生产以及属于渔业系统、为渔业生产服务（渔政船、科研调查船、冷藏运输加工船、实习船、油船等）的船舶简称渔船。渔船根据船型、性能、用途、捕捞方式、捕捞对象和捕捞区域的不同而有很大区别。渔船一般可分为以下几种。

（1）**按作业水域分类**　包括海洋渔船和内陆渔船，海洋渔船又分沿岸、近海、远洋渔船。

（2）**按捕捞方式分类**　包括拖网类（单拖、双拖）、围网类、流网类、流刺网类、张网类、延绳钓类、专业鱿钓类等渔船。

（3）**按用途分类**　包括渔业捕捞渔船、渔业冷藏运输（加工）船、渔业供油船、渔政执法船、科考调查船和实习船等。

（4）按船体材料分类　包括木质、钢质、玻璃钢质和铝合金质等渔船。

（5）按推进方式分类　包括机动、风帆、人力渔船。

第二节　渔船适航性

一、适航性的基础知识

1. 渔船主要尺度

（1）最大尺度　最大尺度又称全部尺度或周界尺度，是船舶靠离码头、系离浮筒、进出港、过桥梁或架空电缆、进出船闸或船坞以及在狭水道航行时安全操纵或避让的依据。最大尺度包括以下几项内容。

①最大长度：又称全长或总长，是指从船首最前端至船尾最后端（包括外板和两端永久性固定突出物）之间的水平距离。

②最大宽度：又叫全宽，是指包括船舶外板和永久性固定突出物在内并垂直于纵中线面的最大横向水平距离。

③最大高度：是指自平板龙骨下缘至船舶最高桅顶间的垂直距离。最大高度减去吃水即得到船舶在水面以上的高度，称净空高度。

（2）船型尺度　船型尺度是船舶规范中定义的尺度。在一些主要的船舶图纸上均使用和标注这种尺度，且用于计算船舶稳性、吃水差、干舷高度、水对船舶的阻力和船体系数等，故又称为计算尺度、理论尺度。船型尺度包括以下几项内容。

①船长（L）：指沿夏季载重线，由首柱前缘量至舵柱后缘的长度，对无舵柱的船舶，则由首柱前缘量至舵杆中心线的长度，但均不得小于夏季载重线总长的 96%，且不必大于 97%。船长又称垂线间长。

②型宽（B）：指在船舶的最宽处，由一舷的肋骨外缘量至另一舷的肋骨外缘之间的横向水平距离。型宽又称船宽。

③型深（D）：指在船长中点处，沿船舷由平板龙骨上缘量至上层连续甲板（上甲板）横梁上缘的垂直距离；对甲板转角为圆弧形的船舶，则由平板龙骨上缘量至横梁上缘延伸线与肋骨外缘延伸线的交点。而在船长中点处，由平板龙骨上缘量至夏季载重线的垂直距离称之为型吃水 d。

（3）登记尺度　登记尺度为《1969 年国际船舶吨位丈量公约》中定义的尺度，是主管机关登记船舶、丈量和计算船舶总吨位及净吨位时所用的尺度，它载明于船舶的吨位证书中。

①登记长度：指量自龙骨板上缘的最小型深 85％处水线总长的 96％，或沿该水线从首柱前缘量至上舵杆中心线的长度，两者取大值。

②登记宽度：指船舶的最大宽度，对金属壳板船，其宽度是在船长中点处量到两舷的肋骨型线；对其他材料壳板船，其宽度在船长中点处量到船体外侧。

③登记深度：指从龙骨上缘量至船舷处上甲板下缘的垂直距离。对具有圆弧形舷边的船舶，应量至甲板型线与船舷外板型线之交点。对阶梯形上甲板，则应量至平行于甲板升高部分的甲板较低部分的引伸虚线。

2. 排水量、载重量和吨位

船舶大小的度量方法有重量吨和容积吨两种。重量吨表示船舶重量，也可表明船舶的载运能力，计量单位为吨。重量吨分排水量和载重量。

（1）排水量　指船舶在静水中自由漂浮并保持静态平衡后所排开同体积水的重量，也等于该吃水时船舶的总重量。排水量一般可分为满载排水量、空船排水量及装载排水量。

①满载排水量：指船满载，即船舶在装足货物、燃油、润滑油、淡水、备品、物料及核定船员等时，使船舶吃水达到某载重线（通常指夏季载重线）时的排水量。

②空船排水量：即空船重量，指处于可正常航行的船舶，但没有装载货物、燃油、润滑油、压载水、淡水、锅炉给水和易耗物料，且无船员及其行李物品时的排水量。空船排水量可通过倾斜试验的方法求得。

③装载排水量：指除满载及空船排水量外，任何装载水线时的排水量。

（2）载重量　指船舶在营运中所具有的载重能力，分总载重量和净载重量两种。

①总载重量：指船舶在密度为 $1.025g/cm^3$ 的海水中，吃水达任一水线时所装载的最大重量，包括货物、燃油、润滑油、淡水、备品、物料、船员和行李及船舶常数等的重量。吃水不同，总载重量也有所不同，如夏季满载吃水时的总载量为满载排水量与空船排水量的差值，而任一吃水时的总载重量则为装载排水量与空船排水量的差值。

②净载重量：指在具体航次中船舶所能装载的最大限度的货物重量，即净载重量为总载重量减去燃油、润滑油、淡水、备品、物料、船员和行李及船舶常数后的重量。因此，每航次均应精打细算，以求最大限度地增加净载

重量。

（3）容积吨　指依据船舶登记尺度丈量出船舶容积后经计算而得出的吨位，它表示船舶所具有空间的大小，又称登记吨位。根据丈量范围和用途的不同，吨位可分为总吨位（GT）、净吨位（NT）。总吨位是涉及船舶尺度时的依据；净吨位是涉及赢利等问题时的依据。

3. 干舷和储备浮力

（1）干舷　所谓干舷，通常是指船舶夏季最小干舷，是在船中处，沿舷侧从夏季载重水线量至干舷甲板上表面的垂直距离。

（2）储备浮力　满载水线（设计水线）以上的船体水密部分的体积所具有的浮力，称为储备浮力，为排水量的 25%～40%。

4. 吃水和水尺

水尺是表示船舶吃水的标记，也称吃水标志。如图 1-1 所示。用数字和线段刻画在船首、船尾和船中两舷的船壳板上，分别标明相当于首垂线、船尾垂线和船中横剖面处的实际吃水值。每个数字高为 10cm，字与字的间隔也为 10cm。每一个数字的下线（与水尺线段的下缘为同一水平面）表示该数字所指的吃水值。

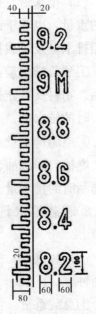

图 1-1　吃水标志

二、适航性的基本概念

（1）浮性　船舶在各种载重情况下，能保持一定浮态的性能称为船舶浮性。

（2）稳性　船舶受外力作用（如风浪等）发生倾斜，当外力消失后能够回到原来平衡位置的能力称为船舶稳性。

（3）抗沉性　船舱破损浸水后船舶仍能保持一定的浮性和稳性的性能称为船舶抗沉性。

（4）摇荡性　船舶因某种外力的作用，而围绕原平衡位置作往复性（或称周期性）运动的特性，这种运动称船舶摇荡运动。

（5）操纵性　船舶能保持或改变航速、航向和位置的能力。通常包括四个方面内容：航向稳定性、回转性、转首性及跟从性、停船性能。

第三节 渔船动力系统

一、燃油系统

1. 燃油系统的作用及组成

动力装置燃油系统为主、副柴油机以及锅炉等供应足够数量和一定品质的燃油，以确保船舶动力机械的正常运转。燃油系统一般由注入、储存、驳运、净化、供给和计量 6 个部分组成。

2. 对燃油系统的要求

①燃油系统应保证在船舶横倾 10°、纵倾 7°的情况下，管路仍能正常供油。各舱（柜）间应有连通管，管路上安装截止阀。每台主机应设置独立的日用油柜。

②为保证系统连续供油，大、中型船舶设置独立驱动的燃油输送泵，小型船舶设机带泵。如依靠重力油柜供油，则油柜必须位于柴油机高压油泵上方至少 1m 处。现代低速柴油机加压燃油系统还需增设燃油加压输送泵。

③各油舱、油柜供油管路上的截止阀或旋塞应设置在舱（柜）壁上；双层底以上的储油舱（柜）的供油出口应安装速闭阀。

④燃油管路布置必须与其他管路隔离。燃油管路不得布置于高温处和电气设备处，不得通过水舱和起居室。若必须经过上述地方时，则应分别采取防火、防水等有效措施。

⑤重油（燃料油）加热用的饱和蒸汽压力应不大于 0.7MPa，以防燃油结炭。

⑥燃油管路应设置回油管路。对于燃用轻油的小型船舶，为减少设备，将回油管路接至喷油泵进口处。大型船舶的主柴油机燃用轻柴油和燃料油，因此回油管路应设置 2 套。

⑦沉淀油柜、日用油柜应安装自闭式放水阀或旋塞，并设有收集油舱（柜）和聚油盘排出的污油水的舱（柜）。

3. 燃油系统的管理

①正确选用燃油。

②正确操作、管理燃油系统中的设备，做好燃油的净化工作。

③定时排放各油船（柜）的水和脏污物。

④做好燃油的申领、加装与日常管理工作。

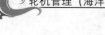

二、滑油系统

1. 滑油系统的功能与组成

滑油系统用以供给柴油机动力装置各运动部件的润滑和冷却所需的润滑油，一般由滑油储存舱（柜）、滑油循环舱（柜）、滑油泵、净油设备（滤器、分油机）及滑油冷却器等组成。滑油系统的组成形式依柴油机结构不同分为湿油底壳式和干油底壳式滑油系统。

2. 对滑油系统的要求

①滑油系统的管路应简单、较短，以方便管理和节约能源。

②油泵位置应尽量靠近油舱（柜），这样不仅可缩短管路，还能保证泵的正常吸入。

③为保证正常航行，主机循环油泵至少应设置 2 台，互为备用，其中至少 1 台为独立驱动泵。

④主滑油循环泵或其出口管路上应设置安全阀，以防管内压力过高，其调定压力为管路正常供油压力的 1.1 倍。

⑤滑油系统应设置滑油冷却器。

⑥为保证润滑油质量，滑油系统中应设置沉淀柜、粗滤器、细滤器、分油机等净油设备，并安装温度、压力、液位监测报警装置，以防事故发生。

⑦当滑油舱与燃油舱、水舱相邻时，必须设置隔离空舱，以保证滑油质量。

3. 滑油系统的管理

①正确选用滑油。

②正确调节滑油系统中的温度与压力。滑油进、出柴油机的温差一般为 10～15℃。

③备车暖机，油温应达到 38℃ 左右。完车后应使滑油泵继续运转 20min 以上。

④检查滑油循环柜的油位，正常油位应低于油柜顶板 15～20cm。

⑤定期检查和清洗滑油滤器和冷却器，检查滑油冷却器的冷却水管，防止其被海水腐蚀烂穿，清洗冷却器以提高其冷却效果。通常壳管式冷却器使用三氯乙烯溶液进行清洗；板式冷却器则用人工清洗。清洗滤器时可采用清洗剂或柴油浸泡、软刷清除污垢和压缩空气吹净等方法。

⑥定期取样检查滑油质量，对滑油的黏度、闪点、水分、酸值和杂质等进行定量检查。

三、冷却系统

1. 冷却系统的作用、要求

（1）冷却系统的作用 把冷却介质送到受热部件，将其多余的热量带走。冷却介质主要有海水、淡水、滑油、燃油和空气等，其中最常用的是海水和淡水。

（2）对冷却系统的要求 确保充足、连续和温度适宜的冷却介质供给柴油机动力装置的各个需要冷却的部位，工作性能可靠、安全，便于维护管理和经济耐用等。

2. 渔船冷却系统的种类

冷却系统分为开式、闭式 2 种类型。

（1）开式冷却系统 开式冷却系统的水温不可超过 45℃，主要用于某些小型船舶柴油机的冷却。

（2）闭式冷却系统 闭式冷却系统是用淡水冷却高温零部件，然后用海水冷却，淡水使之温度降低后再次使用。这是一种间接冷却方式。进口水温 60～75℃，出口水温 70～85℃，最高不超过 90℃。闭式冷却系统复杂，管理工作较为复杂，一般大型船舶采用。

3. 冷却系统的管理

①正确使用和管理冷却系统中的各种机械、设备。

②正确控制冷却介质的压力。

③正确调节冷却介质的温度，应按冷却水或海水进入冷却器的流量来调节温度，切不可调节冷却水进机流量。淡水出口温度取上限值，进出口温差小于 12℃。

④注意膨胀水箱的变化。

⑤定期清洁海水滤器，定期投药，以抑制海洋生物在系统中生长，并在装置内安装防腐锌块。

⑥定期对冷却系统进行水质处理。

⑦柴油机采用闭式淡水冷却时，应设有开式海水冷却管路。

四、压缩空气系统

1. 压缩空气在船上的应用

①以压缩空气为动力，实现大、中型柴油机的启动、换向、控制与

操纵。

②向气动自动化设备和系统提供清洁的压缩空气。

③向海水、淡水压力柜充气，以维持其一定的工作压力。

④吹洗海底门、粪便柜、油渣柜、烟囱、空气冷却器和增压器等。

⑤作为航行中汽笛、雾笛等设备的吹鸣动力。

⑥作为消防系统的动力源，例如粉末灭火剂的喷射动力。

⑦作为气动动力系统的能源，如气动工具、气动仪表等。

⑧作为船上的救生艇、舷梯起落装置的动力源。

⑨机舱和甲板的杂用。

2. 对压缩空气系统的要求

①供主机启动用的空气瓶（主空气瓶）应至少有 2 个，其总容量在不充气的情况下，应保证每台可换向的主机能从冷车连续启动不少于 12 次，对每台不能换向的柴油机能从冷车连续启动不少于 6 次。

②用压缩空气启动的主机至少应设 2 台空气压缩机，其中 1 台应为独立驱动，其总排量应在 1h 内使空气瓶由大气压力升至连续启动所需的压力。对无限航区的船舶，还应设置一台应急空气压缩机，以保证对空气瓶的初始充气。

③在空气压缩机、空气瓶、大型低速柴油机的启动总管上安装安全阀和其他相应的阀件。安全阀的开启压力不应大于工作压力的 1.1 倍，在空压机与空气瓶之间应安装油、气分离器或过滤器，安装火焰阻止器、止回阀，安装易熔塞且熔点约为 100℃。

3. 压缩空气系统的组成

压缩空气系统由 2 台主空压机、2 个主空气瓶和压力表、减压阀、空气滤器等附件组成。

4. 压缩空气系统的管理

①空压机应处于随时启动状态，定期检查曲柄箱油位和油质；注意倾听空压机运转声音，特别是启动、停车过程中的气流声音；注意查看各仪表的读数是否正常。

②保持空气瓶中空气压力在 2.5～3.0MPa，并定期放残水。

③定期校验安全阀和检验空气瓶。

④定期清洗空气滤器和放出其中的残水。

第四节 渔船辅助系统

一、舱底水系统

舱底水系统主要用于排除因船舶舱口盖水密装置的老化渗漏、清洗舱室水及湿空气冷凝水、尾轴与舵杆套筒填料函的老化渗漏、机器与管路的渗漏等最终集聚于货舱与机舱底部而形成的污水。此外，在船舶发生海损事故而使舱室进水时，舱底水系统也可用作辅助排水设备进行排水。舱底水系统（俗称污水管系）由舱底水泵、舱底水管、舱底水吸口、阀件及有关附件组成。

1. 对舱底水系统的要求

①所有机动船舶均应设置舱底水系统，并能有效地排除任何水密舱中的积水。

②船底水系统在船舶正浮或横倾不超过5°时，应均能通过不少于1个吸口（一般在两舷均应设置吸口）排干任何舱室或水密区域内的积水。

③系统中的管路应能防止舷外海水、压载水舱的水进入货舱或机炉舱，或从一舱进入另一舱。

④为防止各舱底水互相连通，管路中的分配阀箱、舱底水管和直通舱底水支管上的阀门均应为截止止回阀，以保证舱底水系统管路中的水流为单向，即只出不进。

⑤舱底水泵、压载水泵、消防水泵等若相互连通时，管路布置应保证各泵同时工作而互不干扰。

⑥舱底水泵应为自吸式泵。

⑦机舱船底污水必须经过油水分离器处理达到防污公约排放标准方可排出舷外。

2. 舱底水系统的布置原则

①为能吸干舱底积水，各吸入管的吸入口皆应布置在每个舱底的最低处。在有舭水沟的船舱中，可位于该舱两舷的最低一端；无舭水沟时，则需在两舷或纵中剖面处设有污水井，以便吸出积水。

②为操作方便和简化管路，位于机舱前、后的货舱和管隧及各隔离空舱的污水，都应各自从吸入口经吸入支管分组汇集于各舱底水阀箱，然后再经舱底水总管通至舱底水泵的吸入口。在通至各干货舱的管路上应设有不少于

2 个截止止回阀。

③ 机舱是整个船舶的要害区，且经常积水较多，所以应设 2 个以上的吸入口，并且至少有 1 根吸入支管与舱底水泵直接相连，其余则经舱底水总管通至舱底水泵。此外，为了在机舱破损时能应急排水，在主机机舱还应设置 1 个应急舱底水吸口，该吸口一般应通向 1 台主海水冷却泵并装设截止止回阀，阀杆应适当加长，以使手轮高出花铁板至少 460mm。应急舱底水吸口间应安装永久性的清晰铭牌。

④如果舱底水系统具有承担船舶海损时应急排水的任务，其舱底水管的直径在设计时应能满足要求。

⑤舱底水泵应具有自吸能力。

⑥远洋船舶上应有 2 台以上的舱底水泵，机器处所和轴隧内每根舱底水支吸管及直通舱底泵吸管（应急吸口管除外）均应设置泥箱，以过滤舱底水。该泥箱应易于接近，并自泥箱引一直管至污水井或污水沟，直管下端或应急舱底水吸口不得设滤网。除机器处所和轴隧外的其他舱室的舱底水吸口端，应封闭在网孔直径不大于 10mm 的滤网箱内。滤网的流速面积应不小于该舱底水吸入管截面积的 2 倍。

3. 舱底水系统实例

机舱尾部设一污水井，首部左右各设一污水井，机舱舱底水应急吸口直接与中央冷却系统的主海水泵吸口相连接（图 1-2）。货舱舱底水由各支管汇集于机舱前端的阀箱中，因其一般不含油分，故可通过舱底水泵、通用泵、消防泵中的任一台排出舷外（图 1-2）。

4. 舱底水系统的管理

舱底水系统的管理主要包括对舱底水系统中的各种设备的正确使用与维护；严格遵照国际防污公约的要求进行排污等。

①按要求排放含油舱底水。经轮机长和驾驶员同意方可排放，并填写油类记录簿。

②注意检查舱底水系统各种设备的工作情况。

③定期检查污水井水位，并及时将污水排入污水舱。定期测量污水舱水位，视情况用油水分离器处理污水舱的污水，并作记录。定期检查机舱污水井报警装置。

④定期清洗各污水井和舱底水泵吸入口处的滤器、泥箱，疏通污水沟与污水井，船员切勿乱丢棉纱、破布和塑料制品等，以免造成堵塞。

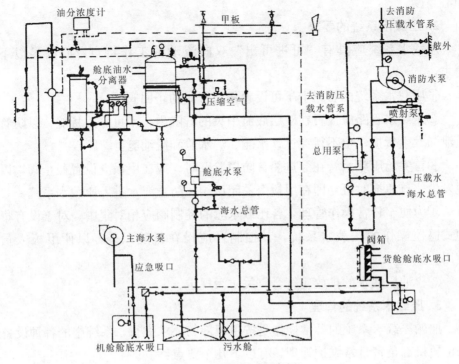

图 1-2 舱底水系统实例

⑤排放舱底水时应分区域排放，不宜同时打开全部舱底水的吸口，以免造成泄漏使排放速度降低。

⑥定期检查机舱应急舱底水吸口，加强维护管理，确保排水的有效性。

二、压载水系统

1. 压载水系统的作用和组成

（1）压载水系统的作用　根据船舶营运的需要，对全部压载舱进行注入或排出，以达到下述目的：

①调整船舶的吃水和船体纵、横向的平稳及安全的稳心高度。

②减小船体变形，以免引起过大的弯曲力矩与剪切力，降低船体振动。

③改善空船适航性。

（2）压载水系统的组成与压载水舱功能　主要由压载水泵、压载水管路、压载舱及有关阀件组成。一般船上可用首尖舱、尾尖舱、双层底舱、边舱、顶边舱与深舱等作为压载水舱。首、尾尖舱对调整船舶的纵倾最有效，边舱对调整船舶横向平衡最有效，而调节深舱压载水量可有效地调整船舶的稳心高度。

2. 压载水系统的要求

压载水系统应具有"可进可出"双向流动的工作特点，应满足以下要求：

①压载水系统的管路上不可设置任何形式的止回阀。

②压载水管路应设置在双层底舱中央的管隧内，不可穿过货舱，以防管道泄漏发生货损；也不得穿过饮水舱、炉水舱和滑油舱。

③首尖舱压载水管在穿过船首防撞舱壁时，应在甲板上设置截止阀，以便发生船首海损时可立即在甲板上关闭该阀，防止海水进入压载水系统。

④为便于日常操作管理，各压载水舱的控制阀应相对集中。对于设有集中式遥控操作的压载水系统，其控制台应设在机舱以外，以便甲板人员使用。

⑤含油压载水的排放应符合有关防污规定。

3. 压载水系统的管理

船舶压载水系统的日常操作是按甲板部的要求进行，系统中的各种设备均由轮机部负责日常维护管理，有以下几个要点：

①压载水泵通常是大排量低压头离心泵，启动前应注油、盘车，确认无卡阻后全开吸入阀、全关排出阀进行封闭启动，以防强大的启动电流冲击电网，随后逐渐开大排出阀。

②注意压载水泵轴封处的泄漏情况，轴承应定期加油。

③压载水泵出口压力一般为 $0.15\sim0.25$MPa，可通过泵的进、出口间的旁通阀进行压力调节。

④熟悉设备位置，防止误操作。为防止开错阀，应涂以不同颜色进行区别。此外，压载水舱较多，应列出操作程序使操作规范化。

三、消防系统

1. 消防系统的作用和分类

消防系统的作用是预防和制止火灾的发生和蔓延，并可迅速灭火，将火灾的损失减至最低程度。船舶应设置固定式消防系统，消防的基本原则是防火、探火和灭火。船舶消防系统实际上指的是船舶的灭火系统。固定式消防系统主要分为 4 大类，即水消防系统、气体消防系统、泡沫消防系统和干粉消防系统。

2. 各消防系统的组成、要求及布置

(1) 水消防系统　水消防系统是所有船舶均必须设置的固定式消防系统，由消防泵、管路、消火栓、消防水带和水枪等组成。扑灭可燃固体物质火灾可采用直流水枪，通过冲刷、冷却作用来灭火；扑灭可燃液体物质火灾可采用喷雾水枪，通过覆盖、冷却作用来灭火。

水消防系统的要求主要有以下几点：

①所有消防泵应为独立机械系统，通常采用离心泵。

②消火栓的布置和数量应满足船舶灭火要求的有关规定，消火栓或阀的位置应便于船员使用。

③水消防系统的工作应可靠，其布置应能满足消防泵向一舷或两舷同时供水。锚链冲洗水一般取自水消防系统，应设置隔离阀，以便灭火时切断锚链水供给。

④消防泵应具有单独的海底门。

(2) 气体消防系统　气体消防系统主要指 CO_2 消防系统。适用于电气火灾和机舱火灾的扑救，利用 CO_2 的窒息和冷却作用灭火。CO_2 的特性是：15％以上时能使人窒息死亡；达 28.5％时可使空气中的含氧量降至 15％，使一般可燃物质的火焰逐渐熄灭；达 43.6％时使空气中的含氧量降至 11.8％，能抑制汽油或其他易燃气体的爆炸。

对 CO_2 消防系统的要求有以下几点：

①CO_2 灭火剂应贮存在上层建筑或开敞的甲板上，通风良好，温度在 0～45℃，保证其安全与工作可靠。

②全部 CO_2 灭火剂贮存量按规定要求，至少为各被保护舱室灭火需要量的最大值。货舱要求为舱容的 30％；机舱要求为容积的 35％～40％。

③由于 CO_2 的窒息作用，当空气中 CO_2 含量达 5％时，人的呼吸困难；超过 10％时有生命危险。所以船上 CO_2 管路不允许通过起居室处所及经常有人的舱室。使用 CO_2 灭火剂时应先发出声光报警信号。

④CO_2 灭火系统的操作控制机构应设置在灭火舱室以外且短时间内能达到的地方。

⑤采用 CO_2 灭火的舱室应设水密门，以便灭火时隔绝失火舱室的空气，提高灭火效果。

⑥CO_2 贮存容器上按规范要求安装安全装置。

渔船 CO_2 消防系统主要用于机器处所和燃油设备处所等。系统由 CO_2

钢瓶、瓶头阀、分配阀、启动装置、压力表、管路和自动烟雾探测装置等组成。在 CO_2 消防系统中配置烟气自动探测报警装置：烟气探测装置有感烟式、感温式和感光式；货舱多采用感烟式；居住舱室一般采用感温式；机舱采用感光式探测装置。

（3）泡沫消防系统　这里的泡沫是一种由碳酸氢钠与发泡剂的混合液和硫酸铝混合接触产生的 CO_2 泡沫，分为低、中、高膨胀泡沫，比重小于油，灭火时泡沫覆盖于油面使之与空气隔绝，从而灭火。泡沫消防系统非常适合于油类火灾的扑救。低膨胀泡沫消防系统常用于油轮油舱区域、高膨胀泡沫消防系统用于各类船舶的机舱和油轮的货油泵舱。

（4）船舶消防系统的管理

①定期对消防系统进行检查和维护，保持其处于可使用状态，以便在出现火情时进行有效的扑救。

②定期进行消防演习，通过演习发现防火、灭火措施及其系统中存在的问题，以使系统工作可靠、人员训练有素。

③如用 CO_2 灭火，需要的 CO_2 量是根据被保护舱室的容积来计算的，灭火时 CO_2 气体的容积应能达到灭火含量（30%～45%）。每 2 年称重一次，重量减少量不得超过 10%。

四、日用水系统

1. 日用海淡水系统的作用与组成

日用海淡水系统的作用是满足船员日常生活用水需要。淡水系统主要供应炊事用水、饮用水、洗涤水等。海水系统从舷外吸取海水供厕所、洗脸间和浴室等处冲洗用。日用海淡水系统主要设备有水泵、水柜、供水管和阀件等，有两种供水方式：重力供水和压力供水；大中型渔船一般采用压力供水方式。

2. 日用海淡水系统的管理

压力水柜要及时补气，使其压力维持在正常范围内。压力太高会导致压力水柜水位太低，水泵起停频繁；压力太低则压力水柜中的水到不了高层甲板。

五、通风系统

1. 通风系统的作用

船舶通风系统一般指机舱通风系统。机舱通风系统的作用是降低机舱的温度，排除各种油气、水蒸气并供应新鲜空气，以保证动力装置正常工作及改善管理人员的工作和卫生条件。通风方式一般分为自然通风和机械通风两类。

2. 通风系统的管理

定期清洗通风头、通风管，防止其脏污严重；定期检查通风管支撑，以防松动；定期检查通风机的径、轴向间隙，看其是否在规定值之内，若超出应进行调整；定期检查叶轮的磨损或损坏情况，若过度磨损或损坏应予以更换；严格按操作规程操作风机。

第二章　柴油机的运行管理与应急处理

第一节　柴油机的运行管理

一、柴油机的备车和机动操纵

(一) 柴油机的备车

一般来说，在开航前应提前备车。备车的目的是使船舶动力装置处于随时可启动和运转的状态。虽然各种船舶的机型、辅助设备等不尽相同，但备车内容大致相同。应包括：供电准备；核对与校正船钟、车钟；试舵；暖机；各系统的准备；盘车、冲车与试车等。

1. 供电准备

在备车工作中，启动大功率的设备较多：如空压机、淡水泵、通风设备等，会使用电量迅速增加，因此应根据需要启动发电柴油机和并电。

2. 暖机

暖机是指首先加热主机的冷却系统和润滑系统进行预热，并启动冷却水循环泵和滑油循环泵给机器各部件加温和向各运动摩擦表面供应滑油的过程。暖机的目的是通过对气缸各部件的预热，减少启动后由于温度突变产生的热应力；改善启动性能和发火性能；减少气缸内的低温腐蚀等。

3. 各动力系统的准备

(1) 滑油系统的准备

①检查主机滑油循环柜，不足时应补充至规定油位。

②开启滑油分油机，并加热滑油。此项工作最好提前数小时进行。

③开启滑油循环泵，检查并调整油压至规定值。

(2) 冷却系统的准备

①首先检查膨胀水箱的水位和系统各阀门是否处于正常状态。

②启动主机淡水泵，让淡水在系统中循环。同时可开启主、副机冷却水

联通阀，将正在运行的副机冷却水系统中的热淡水输入主机冷却系统进行加热保温。暖机结束后应关闭联通阀。也可以通过开启蒸汽加热器阀加热冷却淡水。

③对于水冷活塞，要检查各缸冷却水的流动情况和水柜水位。

④对于独立冷却系统的喷油器，应启动喷油器冷却泵，检查冷却器冷却柜液位，必要时可进行加温预热。

（3）燃油系统的准备

①检查主机日用轻柴油柜和重油柜的油位，不足时应补充至规定油位，并注意放残。

②对重油日用油柜加温至规定范围。

③启动燃油输送泵，将系统中的气体驱走，调至规定压力。

（4）压缩空气系统的准备

①启动空压机，将空气瓶充气至规定压力，并泄放气瓶内的残水残油。

②打开气瓶出口阀、主停气阀等。

4. 盘车

①打开各气缸示功阀。

②盘车数转，观察柴油机在完成一个工作循环过程中各部件有无卡阻等，检查在盘车过程中有无液体从任一示功阀溢出。

5. 冲车

①利用启动装置（不供给燃油）使机器转动，将气缸中的杂质、残水等从示功阀处冲出。

②观察是否有水或油从各缸示功阀中冲出；若有，应查明原因并予以排除。

6. 试车

试车的目的是为了检查启动系统、换向装置、燃油喷射系统、油量调节机构及调速器工作是否正常。

（二）机动操纵

船舶在离靠码头和进出港口时，柴油机的启动、停车和各种运行状态变化频繁，当值轮机员应严格执行车令，并能进行正确的管理与操纵。

1. 机动操纵时的操作

当机舱接到驾驶台机动操纵的指令时，轮机部应立即备车：

①主机按规定的换油程序换用轻柴油。

②机动操纵时应保证供电。

③空气瓶应随时补足。

④当值轮机员必须集中精力，使各运转设备的主要参数在规定的范围内，必要时进行适当调整。

2. 机动操纵时的安全事项

①主机启动操作时，应尽量做到一次启动成功，油门不能给得过大，防止柴油机发生冷爆。

②在船舶启航和加速过程中，不应加速过快，以防柴油机负荷过大。

③应快速越过转速禁区，防止机器发生剧烈振动。

④在进行倒车操纵时，应控制油门，避免柴油机超负荷。

3. 机动操纵时的管理

①机动操纵所设定的车速应当是机动操纵转速或港速或系泊试验转速。

②当值轮机员除处理紧急故障外，不得远离操纵台或离开集控室。

③轮机长应监督轮机员进行各种操作；监控各设备运行状态；及时与驾驶台取得联系；及时处理各种突发事件。

④机动操纵期间，船舶航行状态多变，要随时注意配电板各仪表的工作情况，注意观察和调节冷却水、滑油的温度和压力，保持空气瓶压力在允许范围内，注意各缸排气温度值的变化，以及各主要设备的工作状态。

⑤机动航行时间不管多长，轮机长都必须始终在集控室监督和监控机动操纵整个过程，直至机动操纵结束才能离开集控室。

二、柴油机运转中的管理

轮机管理人员经过日常的检修和测量工作应使柴油机及其装置处于正常的技术状态。在运转管理中，值班人员应精心操纵，严格管理，按时进行工况的巡回检测，使柴油机及其装置的各种技术参数处于正常范围之内，并认真做好交接班工作。这样，才能有效地保证柴油机及其装置始终处于安全可靠和经济的运行状态。

柴油机稳定运转后，评价一台柴油机技术状态和运转性能的主要依据是燃料在气缸中的燃烧情况和各缸负荷分配的均匀度，以及各零部件和系统的工作情况。为了保证柴油机及其装置处于正常的技术状态，柴油机运转中应做好以下工作。

1. 运转中的热力检查

热力检查的目的是确认发动机各缸燃烧是否良好以及负荷分配的均匀度。这是发动机正常运转、可靠工作的必要保证，也是衡量发动机运转性能和技术状态的主要内容之一。

运转中，应注意喷油设备技术状态的变化，特别是喷油器性能不良常引起的气缸燃烧恶化和各缸负荷的变化。对喷油器的检查可以通过检测排气温度、观察排气颜色以及打开示功阀观看火焰情况等方法进行。

各缸排气温度值要按说明书的要求限定；各缸排气温度最大温差不应超过平均值5%。同时应检查各缸冷却水、活塞冷却液及废气涡轮增压器冷却水的出口温度，这些温度都应符合规定值，而且应各缸基本一致，最大温差不得超过5℃。在柴油机状态良好的情况下，排气温度能大致反映各缸燃烧的状态及喷油设备的情况，借此了解负荷分配的大概状况。为了确认各缸负荷大小和分配是否均匀，应在适当时机测取各缸示功图（或测量爆炸压力）。根据实测数值对各缸负荷作适当调节。

增压空气的压力、温度和空冷器前后增压空气的压差是判断柴油机燃油燃烧状况、排气升温的主要依据之一，故在管理中应予重视。

2. 运转中的机械检查

机械检查的目的是保证发动机各部件和系统均处于正常的技术状态。

看、摸、听、闻是管理者最直接又简单的手段。优秀的轮机员应能通过人体的感觉器官判断出故障发生的苗头并及时排除，保证机械设备正常运行。不正常的运转声响可导致机件受损；异常温差反映出机器或系统内部存在问题；刺激性气味表明机械设备温度异常高或滑油变质；运行中经常边巡检边触摸机器外部机件，从温差、振动、脉冲等角度判断设备工作是否正常。机械设备连接处、阀件等处泄漏要及时发现、迅速查明原因并予以解决。

为了确保机器各部件处于正常的技术状态，除加强日常维护管理外，在航行中应加强各主要系统的管理。

（1）冷却系统的管理

①巡回检查时，应注意主机和副机的膨胀水箱、喷油器冷却水柜的水位变化，并注意水量的消耗，如发现水位上升或下降必须查明原因及时排除故障。

②各缸冷却水出口温度应符合说明书规定，温差应符合要求。如出现异

常，应结合排气温度、喷油设备及增压系统的技术状态进行分析。水温调节应符合说明书要求，不能过低或过高。通常大型低速机的出口温度为65～70℃，各冷却器海水出口温度为45～50℃。

③空冷器出口的扫气温度不得低于25℃，不得高于45℃。

④冷却系统的自动温度调节器应始终保持正常工作状态。

（2）滑油系统的管理

①大型低速柴油机主滑油循环泵出口压力一般为0.15～0.4MPa。滑油冷却器进出前后温度为50～55℃，最高不超过60℃，冷却器前后温差为10～15℃。对于高、中速柴油机滑油压力与温度值均稍高些。

②注意检查滑油循环柜油位，若发生变化应及时查明原因并排除故障。

③对油泵和滤器前后压差的变化要注意检查，滤器清洗后必须驱气后才能投入系统工作。

④加强滑油分油机的管理，保证滑油的分离净化，油质符合使用要求。

⑤进、排气阀杆要按时注油，防止磨损过快。

⑥对非压力式润滑的各活动部件要定时加注滑油或油脂。

（3）燃油系统的管理

①应注意各燃油舱合理使用，保持船舶的平衡；注意燃油的加温、驳运、沉淀、净化、储存和计量。在值班时应注意检查日用油柜的油位和温度，按时排放柜中的残水。

②应定期清洗燃油滤器，清洗后必须充油排气。当风浪天航行（捕捞作业）时，滤器须转换清洗，避免供油中断。

③注意对高压油泵、喷油器的工作状态和高压油管的脉动情况进行检查。综合考虑泵体发热、油管脉动及排气温度变化等情况，分析气缸内燃烧和喷油器的工作状态。

（4）增压系统的管理

①废气涡轮增压器是高速回转机械，在运行中要观察其运转的平衡性，有无异常振动和声响；注意检测增压器的转速、润滑和冷却情况及增压空气压力。应加强对增压器的维护与管理，防止喘振的发生。

②压气机流道和废气流道应按说明书规定的时间间隔进行水洗和干洗。

③应充分注意空气冷却器（尤其是空气侧）脏物堵塞对柴油机运转状态的严重影响，对空气冷却器必须定期化学清洗（空气侧），对空气冷却器（水侧）必须定期人工清洗。

三、柴油机的停车与完车

正常情况下的停车应保持各系统正常运转，柴油机处于随时可用状态。当接到"完车"指令后，说明柴油机不再动车，应做好以下工作：

①关掉启动空气系统的主停气阀、主启动阀和气瓶出口阀，并将空气瓶充满。

②打开各缸示功阀，盘车。

③将主海水泵进出口阀以及通往冷却器的进口阀关掉。

④关停燃油低压输送泵，关闭进、出口阀，最后将燃油日用柜出口阀关掉。

⑤为了使气缸、活塞以及各运动表面的热量逐渐被冷却液带走，以免由于突然中断冷却液使机件出现应力而裂损或造成气缸壁滑油在高温下结炭，在完车后应使主机滑油泵、淡水冷却泵再继续循环一段时间（至少30min），待降温后再停泵关闭进出口阀门，喷油器冷却水泵也应运转一段时间后停掉；如主机需要副机冷却水继续暖机，则应趁水温未降低前停掉淡水冷却泵，关闭有关阀门，换用副机暖机管系继续对主机进行暖机。最后经检查确认主机和机舱无异常情况时，便开始停航值班。

第二节　柴油机运行的应急处理

一、封缸运行

柴油机在运行中，当任意1个或2个气缸发生了故障，一时无法排除，采取停止有故障气缸运转，确保柴油机继续运转的措施称为封缸运行。

根据船舶规范要求，6缸以下的柴油机，在停掉1个气缸的情况下继续保持运行；6缸以上的柴油机，在停掉2个气缸的情况下，应能保证柴油机在低负荷下稳定工作。所以停掉1～2个气缸，柴油机转入应急运转，是可以维持船舶继续航行的。

1. 封缸运行的方法

（1）单缸停油　如果某缸发生故障，如喷油泵或喷油器故障、气阀咬死、气缸严重漏气、拉缸等，这些故障可能使气缸不能发火而运动件尚可运转。在此情况下，可提起喷油泵滚轮使喷油泵停止工作，或打开喷油器的回油阀使燃油停止喷入气缸。不能采取关闭喷油泵的进出口阀的做法，否则将造成喷油泵偶件干磨咬死。

只采取停油而不拆除运动部件的情况，也称为减缸运行或停缸运行。因为只是单缸停油，活塞在压缩行程中必然消耗机械能，因此，必须将单缸停油气缸的示功阀全开，并采取如下必要措施：

①适当减少该缸滑油和冷却水的供给，打开示功阀减少能量消耗，同时避免因缸内积油过多造成爆燃的可能。

②适当降低柴油机的负荷，保持柴油机运转平稳以及其余各缸不超负荷，同时防止增压器发生喘振。降速运转时注意防止机体或船体因失去平衡而振动。

此外，如果是发生气缸盖或气缸套向缸内漏水这样的故障，作为短时的应急处理措施，也可以采取单缸停油。除前述操作外，还需将排气阀锁定在开启位置，关闭气缸冷却水进出口阀，拆除通向该缸启动阀的启动空气和控制空气管，并将管接头封死。

（2）**拆掉活塞和连杆**　在活塞、缸盖或缸套出现裂纹或损坏、不能继续使用，而且无备件的情况下，可以采取拆除活塞组件的封缸运行措施。

2. 封缸运行的应急处理

①在封缸运行时，为防止柴油机超负荷，其余各缸的供油量和排气温度不允许超过标定值。如排气温度太高，应适当降低柴油机的转速和负荷。若封掉2个气缸，特别是连续发火的气缸，工况将更恶化。

②封缸运行时，因该气缸停止供油，废气涡轮增压器的空气流量减少，有可能发生喘振。如果连续不断或间歇地发生喘振现象，那么柴油机就不能在此转速下运行，应降低转速直至喘振消除为止。

③封缸运行时，个别缸的某些运动部件被拆除或受力情况发生变化，柴油机的平衡性被破坏，因而可能在某些转速范围内产生强烈的振动。如果振动异常强烈，应把柴油机转速进一步降低。

④被封的气缸处于启动位置时，柴油机无法启动。应通过盘车将柴油机转至最佳启动位置。

总之，封缸运行时，轮机长应综合考虑排气温度、振动、喘振等因素，选择适宜的转速保持柴油机运行。

二、停增压器运行

废气涡轮增压器是高速回转机械，运转中发生损坏，柴油机应立即停车，尽可能减少损坏程度。停车后经检查，如发现增压器轴承损坏、叶片断裂使增压器无法运转且又不能在短时间内修复时，应立即停止增压器运转，使柴油机在低负荷下继续运行。

在不允许柴油机停车的情况下，废气涡轮增压器损坏后，为了实施应急运行以免危及船舶安全，柴油机只能在涡轮增压器损坏的状态下，短时间内强制低速运行。这时，柴油机应无明显的异常振动，同时控制排气温度不超过限定值。当船舶处于在安全状态时，再停车处理增压器故障。

1. 停增压器的具体方法

①如果条件不允许停车，发生故障后首先采取降速运转措施，将柴油机转速降至机器无明显振动区间，维持全部气缸继续工作。

②如果没有足够的时间来修理，可采取锁住损坏的增压器转子的应急措施，并使柴油机维持低速运转。

③如果需要柴油机继续长时间运行，应将增压器转子抽出，用盖板将壳体两端封住的办法进行应急处理，以保证柴油机仍可继续低速运转。

2. 四冲程柴油机停增压器运行

四冲程柴油机停增压器运行时，相当于非增压柴油机，依靠活塞的吸排作用，仍可将废气排出、新气吸入。但因气阀重叠角较大，排气可能倒流，使燃烧恶化、排气温度升高。此时，只有通过减速降低排气温度，这将使得柴油机的功率和转速大幅度下降。

对于带轴带发电机的四冲程柴油机，当停增压器运行时，柴油机需降速运行。此时，轴带发电机不能运行，只能用柴油机发电机并网供电保证船舶用电。当值轮机员必须加强机舱动力装置的监管，当发现异常情况时，应立即向驾驶台和轮机长报告。

如停增压器应急运行时间相当长，可增大压缩比、提高压缩压力来降低排气温度。另外，增压器转子锁住后因两端温度不同，会使转轴弯曲变形，所以应将转子拆出封闭。为减少进排气的阻力，进排气管都使用旁通管为最佳。

3. 二冲程柴油机停增压器运行

二冲程柴油机的增压系统和换气条件比四冲程柴油机复杂，增压器损坏时柴油机运转情况不同，应急措施也各异。如 RTA 和 MC 型柴油机，这两种柴油机为定压增压系统，全机只装 1 台涡轮增压器，所以当增压器损坏时必须打开电动辅助鼓风机。用专用工具将增压器转子两端锁住并固定。如需长时间停增压器运行，应将转子拆出，用专用盖板封住增压器壳体两端。

停增压器时柴油机的运行参数应限制在规定范围：①最高输出功率为25％的额定功率、最高转速为63％额定转速、平均有效压力为40％额定平均有效压力；②依据柴油机排气温度、颜色和运转情况降低负荷。

三、拉缸

1. 拉缸现象

拉缸现象是指活塞环、活塞裙部与气缸套之间，相对往复运动的表面因相互作用而造成的表面损伤。这种损伤在程度上有所不同，可分为划伤、拉缸和咬缸，在广义上我们统称为拉缸。

活塞环与气缸套之间发生的拉缸，通常在柴油机运转初期，即台架试验、海上试验和开航的初期，一旦磨合完毕之后，几乎不再发生活塞环与气缸套之间的拉缸。活塞裙部与气缸套之间发生的拉缸，往往发生在磨合完毕后稳定运转的数千小时内。

拉缸损伤的机理大多是由于滑动部位的润滑油膜受到局部破坏，两个相对运动的表面突出部位首先发生金属接触，然后在局部出现微小的熔着现象，而熔着部位由于部件的相对运动又被撕裂。在这个过程中金属表面形成硬化层，当这个硬化层被破坏时，所产生的金属磨粒将成为加剧表面磨损的磨料。在出现所谓熔着磨损的短时间中，活塞和气缸套表面上出现和气缸中心线相平行的高低不平的磨痕，这就是拉缸现象。严重时滑动部位完全黏着或卡住，甚至可能在两个表面的薄弱部位产生裂纹以致机件破坏，这时可称为"咬缸"。

2. 拉缸的原因

造成拉缸的原因十分复杂，有设计制造工艺及材料方面的缺陷，如材料的选配、间隙大小的确定、装置的安装找正等是否恰当，结构布置是否合理，表面粗糙度的加工是否适宜，润滑冷却的安排是否完善等。即便是设计制造精良的柴油机，如果运行管理不当也会产生拉缸事故，主要有下列几种情况。

（1）磨合不充分

①没达到规定的磨合期，过早投入营运。

②在磨合期内，分配各负荷下磨合的时间不合理，急于加大负荷运转。

（2）冷却不良

①冷却水泵供水不足或中断。

②冷却水腔锈蚀或脏污。

③水质太脏，水温过高。

④水中含有气泡，积存在冷却水腔内没有放出。

（3）活塞环断裂

①搭口间隙过小，使活塞环断裂。

②天地间隙过小，使活塞环卡死断裂。

③搭口间隙过大或严重磨损。

④环槽内积炭较多使活塞环黏着。

（4）燃用劣质油

①不完全燃烧致使残炭增加。

②后燃使排温升高。

③气缸润滑油碱性不合格。

3. 拉缸时的征兆

①气缸冷却水出口温度明显升高。

②如早期发现，可以听到活塞环与气缸壁间干摩擦的异常声响。

③当发生拉缸时，该缸曲柄越过止点位置时会发出敲击声，此时，柴油机的转速会迅速下降或自行停车。

④曲轴箱和扫气箱温度升高，甚至有烟气冒出。

4. 拉缸时的应急措施

①早期发现拉缸，应加强气缸润滑。如过热现象没有改变，可采取单缸停油，降低转速，加强活塞冷却，直至过热现象消除为止。

②当发现拉缸时，必须迅速慢车，然后停车并立即进行转车（或盘车）。此时切勿加强气缸的冷却。

③如因活塞咬死盘车盘不动时，可待活塞冷却一段时间后，再行盘车使之活动。

④当采用上述方法仍盘不动车时，可向活塞与气缸壁间注入煤油，待活塞冷却后撬动飞轮或盘车。若仍盘不动车，可拆下连杆大端轴承盖，将起吊螺栓装在活塞顶上，用起重吊车吊出，同时亦应加注煤油。

⑤活塞吊出后仔细检查，并将损坏的活塞环换新，同时用油石将缸套拉痕磨平。若活塞和缸套损坏情况严重，予以换新。换新部件则必须进行磨合运转。

⑥如拉缸事故无法修复，可采取封缸运行的方法处理。

四、敲缸

1. 敲缸现象及分类

柴油机在运行中产生有规律性的不正常异音或敲击声，这种现象称为敲缸。

敲缸通常分为燃烧敲缸和机械敲缸：由于燃烧方面的原因在上止点发出尖锐的金属敲击声称为燃烧敲缸，此时若继续运行，则柴油机的最高爆炸压力异常地增高，各部件的机械应力增大，在冲击力的作用下，运动部件会过快地磨损，并导致损坏；因运动部件和轴承间隙不正常所引起的钝重的敲击声或摩擦声，其特征是发生在活塞的上下止点部位或越过上下止点，这种现象称为机械敲缸。

判断是哪种敲缸可采取降低转速或单缸停油的方法，若敲击声随之消失则为燃烧敲缸；若敲击声仍不消除，则很可能是机械敲缸。

2. 敲缸的应急处理

①首先采取降速运行的措施，避免部件损坏。如判定是燃烧敲缸，再停车进行如下检查修复：a. 对喷油器进行试压和调控，必要时予以换新；b. 检查喷油泵的供油量，必要时调整其有效行程；c. 检查和调整喷油定时。

②如因气缸或活塞过热产生沉重而又逐渐加重的敲击声，在未进行降速前，会出现转速随之自行下降的现象，这可按过热拉缸的措施进行处理。

③因机械的缺陷造成敲击，一般没有应急的调整方法，只有更换备件进行修理。

④没有备件或不能修理时，可降低到某个安全的转速继续航行，若机件的损坏影响安全运行又无备件可以更换，则可采取封缸的措施继续航行。

五、曲轴箱爆炸

1. 曲轴箱爆炸的原因

由于曲柄连杆机构的运动会飞溅出许多滑油油滴，再加上油滴的蒸发汽化，在运行中的柴油机曲轴箱内充满油气。这种油气与空气的混合比例不一定处于可爆燃的混合比。即便达到了可爆燃的混合比，如果没有高温热源的存在也不会发生爆炸。如果内部出现了局部高温热源，飞溅在热源表面上的油滴就会汽化，而滑油蒸气在离开热源表面后又被冷凝成为更多更小的油粒悬浮在空气中，使油气的浓度逐渐加浓，形成乳白色的油雾。当油雾的浓度达到某一范围时，它就成为可爆燃的混合气，并会在高温热源的引燃下着火。如果着火前已有大量油雾存在，则一旦着火就会使曲轴箱有限空间内的温度和压力急剧升高，并产生强烈的冲击波，造成具有破坏性的曲轴箱爆炸。

（1）爆炸基本条件　曲轴箱内油雾浓度达到可爆燃的混合比是爆炸的基本条件。

①空气与油雾的可爆燃的比例下限为 100：1，比例上限为 7：1。

②当油雾浓度在下限以下或在下限～上限的范围内时，爆炸的危险一直存在。而当浓度超过上限时，即便有高温热源也不会发生爆炸。

（2）爆炸决定性因素　高温热源的存在是爆炸的决定性因素。

①正常情况下，曲轴箱中不应出现高温热源（或称热点）。

②当两块金属直接接触时出现不正常磨损导致高温，如轴承过热或烧熔、活塞环漏气、拉缸等都会出现高温热源，它既能使滑油蒸发成油雾，又是可爆燃混合气的点火源。

③着火的基本条件由可爆燃混合气浓度的上限和下限以及所需温度的上限和下限值组成。润滑油蒸汽着火下限为 270～350℃，上限高于 400℃（蒸发温度在 200℃以上）。燃油如果漏入曲柄箱中会降低滑油的着火温度，从而使油雾在较低的温度下产生爆炸。

2. 曲轴箱爆炸的预防和应急处理

（1）曲轴箱爆炸预防措施　如果平时对柴油机维护得很好，在有危险时又能及时发现和恰当处理，则能在很大程度上排除爆炸的可能。为了防止曲轴箱爆炸，常采取如下措施。

①在管理上要避免使柴油机出现热源。应保证运动机件正确的相对位置和间隙，保持正常的润滑和冷却，以免运动部件过热、白合金烧熔、燃气泄漏等。运行中值班人员应定期探摸曲轴箱的温度。

②在柴油机上装设油雾浓度检测器，用以连续监测曲轴箱内油雾浓度的变化，在油雾浓度接近着火下限时发出警报。

③为了保证润滑油蒸气低于燃爆下限，在柴油机上采取曲轴箱通风的措施。在曲轴箱上装有透气管或抽风机，用以将油气引出机舱外，防止油气积聚。透气装置应装有止回阀，以防新鲜空气流入曲轴箱。

④在曲轴箱的排气侧盖上装有防爆门。防爆门的开启压力一般为 5～

8kPa。当曲轴箱内压力高到一定程度时，防爆门开启，释放曲轴箱内的气体，降低压力，随后自动关闭，从而可防止严重的爆炸事故发生。初次爆炸由于燃烧速度缓慢，其压力不是很高，然而也足以冲破曲轴箱道门。如果不装防爆门，那么初次爆炸形成的真空，将通过打碎的道门吸入新鲜空气，在此情况下如曲轴箱一直存在高温热源和很浓的油气，与新鲜空气混合后将产生带有爆震现象的第二次更强烈的爆炸。第二次爆炸出现爆炸火焰，在高压和强烈的冲击波下会高速传播。

（2）曲轴箱爆炸应急处理

①如发现曲轴箱发热，透气管冒出大量油气和嗅到油焦味，或者油雾检测器发出警报等，表明曲轴箱内出现了热源而有引起爆炸的危险。此时应立即停车或降速运行。发电柴油机应在转换负荷后降速运行。如果停车，自带的滑油泵和冷却水泵也将停泵，反而容易在刚停车时发生曲轴箱爆炸。

②在发现曲轴箱有爆炸危险期间，机舱人员不允许在柴油机装有防爆门的一侧停留，以免造成人身伤亡。

③当曲轴箱爆炸发生并且将防爆门冲开后，要立即采取灭火措施，但不可马上打开曲轴箱道门或检查孔救火。

④如因曲轴箱内某些机件发热而停车，至少停车 15min 后再开道门检查，以免新鲜空气进入而引起爆炸。

第三章　渔船维修管理

第一节　船机故障分析

一、故障先兆

故障先兆主要有下列表现：

（1）船机性能方面

①功能异常。

②温度异常。

③压力异常。

④示功图异常。

（2）船机外观显示方面

①外观反常。船机运转中油、水、气等有跑、冒、滴、漏等现象。排烟异常，如冒黑烟、蓝烟或白烟等。

②消耗反常。运转中燃油、滑油和冷却水的消耗量过多，或不但不消耗反而增加。例如，曲柄箱油位增高。

③气味反常。在机舱内嗅到橡胶、绝缘材料的"烧焦味"，变质滑油的刺激性气味等。

④声音异常。在机舱听到异常的敲击声。如柴油机的敲缸声、拉缸声，增压器喘振声。此外还有螺旋桨鸣音及各种工作不正常的声音等。

以上各种故障先兆是提供给轮机人员可能的故障信息，帮助轮机人员及早发现事故苗子，防患于未然。

二、故障的影响因素

船机设备在设计、使用及维修中，影响零部件参数值变化速率的因素有以下几个方面。

（1）设计　设计中，应对船机设备未来的工作条件有正确估计，对可能出现的变异有充分考虑。设计方案不完善、设计图样和技术文件的审查不严是产生故障的重要原因。

（2）选材　在设计、制造和维修中，都要根据零件工作的性质和特点正确选用材料。材料选用不当或材料不符合规定，或选用了不适当的代用品是产生磨损、腐蚀、疲劳和老化等现象的主要原因。此外，在制造和维修过程中，很多材料要经过锻造、铸造、焊接和热处理等加工工艺，在工艺过程中材料的金相组织、力学物理性能等均发生变化，其中加热和冷却的影响尤为明显。

（3）制造质量　制造工艺的每道工序都存在误差，其工艺条件和材质的离散性必然使零件在铸造、锻造、焊接、热处理和切削加工过程中积累了应力集中、局部和微观的金相组织缺陷、微观裂纹等，这些缺陷是造成机械寿命不长的重要原因。

（4）装配质量　船舶机械零部件间有一定的配合要求，配合间隙存在极限值，装配后经过磨合的初始间隙过大或过小，都可造成部件的有效寿命缩短。装配中各零部件之间的相互位置精度也很重要，若达不到要求，会引起附加应力、偏磨等后果，加速失效。

（5）合理维修　根据工艺合理、经济合算、生产可行的原则，合理进行维修，保证维修质量。

（6）正确使用　包括载荷、环境、保养和操作。

三、故障的人为因素

船舶是机械设备和船员一体化的典型"人—机"系统，"人—机"功能的充分发挥和彼此良好的配合将会使船舶安全可靠地航行，船舶营运获得更大的经济效益和船舶的使用寿命延长。因此，船舶的综合可靠度取决于船体及船机固有的可靠度和船员的工作可靠度。目前船舶动力装置的可靠度大大提高，出现了自动化无人机舱等现代化的船舶，但船机故障仍是不断，每年因海损和机损事故造成的损失重大。

统计资料表明，船舶海损、机损等事故约有 80% 是人为因素造成的。船员素质低，不具备适任资格或操作错误等，致使船舶机械和设备的维护、保养不良而发生故障。因此，船员加强学习，提高专业知识和技术水平，取得适任资格是做好轮机管理工作的基本条件。

第二节　船机维修

一、船机拆卸

任何一台机械修理时首先进行的工作就是拆卸，即把机器的运动部件从其固定件上拆下来，将机器进行局部或全部解体。拆卸过程是一个对机器技术状况和存在故障进行调查研究的过程。零部件表面的油污、积炭、水迹等均是发现故障的线索。燃烧室组成零件的积炭情况有助于了解燃烧情况和相关零部件的故障，如喷油器、喷油定时等。

1. 拆卸原则

（1）确定拆卸范围　不要随意扩大拆卸范围。因为不必要的拆卸势必破坏机件良好的配合精度或改变已磨合部位的相对位臵，增加零件损伤和安装误差。

（2）采取正确拆卸顺序　一般来说，拆卸机器应从上到下、从外到里；先拆附属件、易损件，后拆主要机件；先拆部件，再将部件拆成零件。

（3）保证零件原来的精度　拆卸过程中应保证不损伤零件，不破坏零件的尺寸精度、形状与位臵精度，尤其是保护好配合件的工作表面。例如，活塞环黏着在环槽中，可将活塞环损坏，分段自环槽中取出，但要保护环槽不受损。

（4）保证正确装复机器　拆卸过程中，对拆下的零部件要做记号，系标签。对零件连接部位的相对位臵作记号，将拆下的零件系标签，这对机器正确、顺利地装配和防止零件损坏非常重要。对重要的或精密的部件不要在现场拆解，应系标明所属的标签，送至船上专门工作室或船厂车间解体修复。例如，柴油机喷油泵和喷油器应在船上油泵实验间或船厂车间解体，由于精密偶件具有不可互换的特点，更应当系标签，切勿混乱。

2. 拆卸技术

（1）保护好零件及设备　从机器上拆下的仪表、管子和零部件等应系标签，分门别类地妥善放置与保管，不可乱丢乱放。仪表、精密零件和零件配合表面尤其应慎重放置与保护。机器拆卸后，固定件上的孔口、管系的管口裸露，为了防止异物落入造成损伤和后患，应用木板、纸板、布或塑料膜等将孔口、管口堵塞或包扎。

（2）过盈件的拆卸　机器上具有过盈配合的配合件，例如齿轮与轴，柴油机上的气阀导管与导管孔，活塞销与销座等。拆卸时使用专用工具、随机专用工具或采用适当加热配合件的方法才能顺利拆卸并且不会损伤零件，切勿硬打硬砸，否则损伤零件。

(3) **螺栓的拆卸**

①柴油机气缸盖螺栓、主轴承螺栓等一般采用双头螺栓，螺栓的一端旋入机件。拆卸时，不需将双头螺栓从机件上拆下。

②拆下的螺母、螺栓等应套装于原位。

③生锈螺母拆不下时，可采用以下方法：先将螺母上紧1/4圈，然后反向旋出；轻轻敲击振动生锈螺母周边；在螺母和螺栓之间灌入煤油或喷松动剂，浸泡20~30min后旋出；用喷灯均匀加热螺母，使之受热膨胀后旋出。以上诸方法均不奏效时，用扁铲将螺母破坏取下。

④螺栓断于螺纹孔中可采用以下方法将断头螺栓取出：在露出的断头螺栓顶面锯出小槽，用螺丝刀旋出；锉平露出的断头螺栓两侧面，用扳手拧出；在断头螺栓上焊一折角钢杆或螺母，将断头螺栓旋出；在断头螺栓顶面钻孔攻丝（反向螺丝）和拧入螺钉，拧出螺钉将断头螺栓带出；选用直径小于断头螺栓根直径0.5~1.0mm的钻头，将螺栓钻掉，再用与原螺栓螺距相同的丝锥将螺纹孔中残存断头螺栓除去，但应不损坏原螺纹孔的精度。

(4) **拆卸安全** 拆卸过程中的安全操作对于保证人身和机器的安全至关重要。所以，在拆卸中应注意以下问题：

①选用工具要恰当，不可任意加长扳手以免扭断螺栓。

②注意吊运安全，严禁超重吊运，吊运捆绑要牢靠且不损伤零件、仪表，吊运操作稳妥等。

3. 拆卸中的检测

船机拆卸前、拆卸过程中的检验和测量以及对机器的剖析和透视，是查明故障、分析和诊断故障原因、制订修理方案的重要依据。

(1) **运转中的观察** 通过拆卸前的航行勘验了解主机工况、记录各项性能指标和对运转缺陷进行检验。检查主柴油机的运转平稳性，有无振动，启动换向操作是否灵敏，有无水、气、油的漏泄现象等；通过对船机的日常运转管理，观察了解其故障信息和现象，必要时测定温度、压力等参数，以确定船机运转状况和机器性能变化，从而初步确定存在的问题。

(2) **拆卸中的检测** 船机拆卸过程中，对拆开的配合件工作表面进行观察，从配合件表面的氧化、变色、拉毛、擦伤、腐蚀、变形和裂纹等现象判断故障的部位、范围和程度。测量零件的绝对尺寸、磨损量、几何形状误差和配合间隙等，判断零件的磨损、腐蚀或变形程度。例如，测量气缸套内径、曲轴外径的绝对尺寸，测量轴承间隙、曲轴臂距差和活塞顶形状等。

在拆卸过程中，必要时对重要的零件进行无损检测，以查明零件内部是否存在裂纹等损伤。例如，在修理发电柴油机时，对连杆螺栓进行着色探伤或磁粉探伤，检查连杆螺栓表面有无疲劳裂纹，并且测量其长度，以掌握其有无变形。

二、清洗

机器拆卸后应对其零件进行清洗，必要时还应对管系进行冲洗。对零件清洗目的是除去零件表面上的油垢、积炭、铁锈等污物；对管系进行冲洗目的是清除系统中带入、残存和沉积的杂质污垢。零件表面清洁后便于发现和检测缺陷，测量准确，也为修理和装配提供良好条件；管系清洁，有利于保持润滑油的品质，保证机器的正常运转。为此，要求清洗工作迅速而彻底，对零件无损伤和腐蚀作用，保证零件工作表面的精度。

船机长期运转使其零部件表面不同程度地附有油垢、积炭和铁锈等。为了清除这些污物，常用以下方法清洗：油洗、机械清洗和化学清洗。或者针对零件上不同的污垢，清洗方法有：除油垢、除积炭和除锈等。

（1）**常规清洗** 又称油洗，是利用有机溶剂，如汽油、柴油或煤油等，溶解零件表面上油污垢的一种手工清洗方法。清洗时，先将零件浸泡在油中，用抹布或刷子除去零件上的油污。此种方法操作简单，易于实现，使用灵活。对于油污积垢不严重的零件，清洗效果又快又好，船上和船厂广泛采用，但对积炭、铁锈和水垢无效。此外，该法使用不够安全，应注意防火，尤其汽油容易挥发，极易引起火灾。

（2）**机械清洗** 利用毛刷、钢丝刷、刮刀、竹板、砂布或油石等进行人工刷、刮、擦和磨的机械方法清除零件表面沉积较重的积炭、铁锈和水垢，再用柴油或汽油清洗干净。常用于清洗柴油机燃烧室的零件。此种清洗方法操作简便，使用灵活，适用范围广，对清除零件表面积垢十分有效，广泛用于船上和修船厂。但此法容易损伤零件表面，产生划痕与擦伤，且劳动量大。

（3）**化学清洗** 利用化学药品的溶解和化学作用，清洗除去零件表面上的油脂、污垢、漆皮、积炭、水垢和氧化物等，常用于热交换器的清洗。用于化学清洗的清洗剂主要有碱性清洗剂、酸性清洗剂、合成洗涤剂。

三、船机装配

船舶机械经拆卸、检验和清洗后，对损坏的零件进行修复或更换，然后进行装复和调试，恢复其原有的功能。船机装配是把拆卸下来的各个零件按照技术要求、装配规则和一定的装配方法装成部件，再把这些部件按一定的次序和要求组装成一部完整的机器。船舶主、副柴油机在检修中可能包括以下部件的装配：气缸套的安装、活塞组件的装配、活塞杆填料函的安装、筒状活塞与连杆的装配、十字头式柴油机的活塞运动部件的装配、气缸盖的安装和主轴承的安装等。

1. 装配要求

装配工作是一项极为重要的工作，装配质量直接关系到柴油机运转的可靠性、经济性和使用寿命。装配工作的主要技术要求应达到正确配合、可靠固定和运转灵活。具体要求如下：

①保证各相对运动的配合件之间的正确配合和符合要求的配合间隙。

②保证机件连接的可靠性。

③保证各机件轴心线之间的正确位置。

④保证定时、定量机构的正确连接。

⑤保证运动机件的动力平衡。

⑥确保装配过程中的清洁。

2. 装配方法

零件装配成部件时，可能是用原件装配，也可能是用更换的备件或者更换加工的配制件进行装配。一般原件装配较为顺利，如果换新零件则装配工作需要采用一定的方法才能达到装配要求。

（1）调节装配法

①采用调节某一个特殊的零件，例如垫片、垫圈等来调整装配的精度。例如，用增减厚壁轴瓦结合面之间垫片的厚度来保证轴承间隙。

②用移动连接机构中某一零件的方法达到装配精度。例如，气阀间隙的调节，气阀定时和喷油定时的调整。

（2）机械加工修配法　采用修理尺寸法、尺寸选配法、镶套法等来使配合件恢复配合间隙和使用性能。

（3）钳工修配法　采用钳工修锉、刮研或研磨等方法达到装配精度。

3. 装配工作的主要内容

①清洁工作。装配前，应将零件彻底清洁干净，清除备件、修理的或新配制的零件上的毛刺、尖角，尤其是应使配合面上无瑕疵与脏污等。

②对连接零件的结合面进行必要的修锉与拂刮，以保证连接件的紧密贴合。例如，气缸套与气缸体的结合面的修刮。

③对有过盈配合的配合件采用敲击、压力装配或热套合装配、冷套合装配。

④采用液压试验检验零件或系统的密封性。例如对气缸套、活塞的水压试验。

⑤对各部件、配合件及机构进行试验、调整和磨合运转等。

⑥进行机器的装复，并作整机检验与调试，以检验机器的技术性能和修理质量，达到检修的目的。

4. 装配过程中的注意事项

①应熟悉机器的构造和零件之间的相互关系，以免装错或漏装。

②有相对运动的配合件的配合表面和零件工作表面上不允许有擦伤、划痕和毛刺等，并保持清洁、干净。

③零件的摩擦表面（如气缸套内表面、活塞和活塞环外圆面）和螺纹应涂以清洁的机油，防止生锈。

④装配过程中对各活动部件应边装配、边活动，以检查转动或移动的灵活性，应无卡阻。若待全部装配完毕再活动则不能及时发现装配工作中的问题，甚至造成返工。

⑤对于有方向性要求的零件不应装错，例如装在活塞上的刮油环刮刃尖端应在下方，才能将气缸壁上多余的润滑油刮下。如果装反则会向上刮油，加强压力环的泵油作用，使大量滑油进入燃烧室。

⑥旧的金属垫片，如完好无损，可继续使用。而纸质、软木、石棉等旧垫片则一律换新。

⑦重要螺栓如有变形、伸长、螺纹损伤和裂纹等均应换新。安装固定螺栓的预紧力和上紧顺序均应按说明书或有关规定操作。

⑧对规定安装开口销、锁紧片、弹簧垫圈、保险铁丝等锁紧零件的部位，均应按要求装妥，锁紧零件的尺寸规格亦应符合要求。

⑨安装过程中，需用锤敲击的时候，一般采用木槌或软金属棒敲击，且不能敲打零件工作表面或配合面。

第三节　修船管理

一、修船的种类和要求

1. 船舶修理类别

船舶修理是使船舶保持和恢复原有技术状态的有力保证，分计划修理和临时修理。计划修理多结合船舶的各种检验，有计划、周期性地进行，包括坞修、小修和检修。临时修理是由于意外事情而进行的非计划修理，包括航修和事故修理。

(1) **航修**　航修是船舶运营过程中产生的影响正常运营，而必须由船厂或航修站进行的一般修理工程或一般事故修理。通常在船舶两航次间停港时进行。为缩短修理时间，减小对正常营运的影响，有条件的可随船抢修。

(2) **小修（也称岁修）**　按规定周期有计划地结合船舶的中间检验或年度检验而进行的厂修和坞修工程称为小修。主要是对船体和机舱主要设备进行检查、保养和修理，使船舶能安全营运到下次计划修理。其基本工程有：船体除锈油漆、修换部分船体构件、检查和修理主、副及辅机与管系等。小修间隔期通常为 12 个月（展期 6 个月）。

(3) **检修**　检修是按规定周期结合船舶的定期检验或特别检验而进行的厂修和坞修工程，是最大的修理类别，目的是对船体和全船所有设备及各类系统进行全面检查、维护和修理，保证能安全营运到下一次检修。除小修的工程外，还包括测厚，主、副机及辅机解体吊厂检查修理，各管系的彻底检查修理等。

检修一般在 2～3 次小修后进行一次，即间隔期一般为 4～6 年。

(4) **坞修**　必须在船坞内对船体水下部分的构件和设备进行检查和修理的工作称为坞修。一般结合小修或检修进行。坞修的费用较高，减少坞修时间是降低修船费用的重要保证。

(5) **事故修理**　由于意外事故致使船体和设备遭受损坏，要作临时性修理以恢复船舶原有的技术状态，这种临时性修理称为事故修理。若涉及索赔问题，应邀请有关机构见证。

(6) **自修**　在船舶营运过程中或船舶进厂修理时由船员自己完成的修理项目称为自修。自修可以是计划性项目，也可以是临时性小工作。计划性的自修应单立计划。自修不仅可以提高船舶的营运效率，减少修船费用，还可以提高船员对船体和船舶设备进行检查、维护和保养的技术水平。

2. 修船要求

①船舶修理必须以原样修复为主。

②远洋船舶应按入级标准进行修理。

③保证修船的质量。修理项目达到的质量标准应满足验船规范、修理标准、技术说明书等有关规定。修船质量保证期，固定部件应为 6 个月，运动部件为 3 个月。

④尽量缩短修船时间。

⑤尽量降低修船成本。

二、坞修工程

1. 轮机坞修的主要项目

（1）海底阀箱的检查与修理　拆下格栅，检查连接螺栓和螺帽，钢板敲锈出白，涂防锈漆 2～3 度；箱内锌块换新；如钢板锈蚀严重，必要时应测厚检查，钢板换新后必须对海底阀箱进行水压试验。

（2）海底阀的检查与修理　各海底阀应解体清洁，阀体在清除锈后涂防锈漆 2～3 度；阀及阀座应研磨密封，如锈蚀严重可光车后再磨；阀杆填料换新；海底阀与阀箱的连接螺栓检查；锈蚀严重时应换新。

（3）螺旋桨的检查与修理　拆下螺旋桨进行检查，桨叶表面抛光，测量螺距，桨叶如有变形应予矫正并做静平衡试验，如发现桨叶有裂缝和破损，需按螺旋桨修理标准进行焊补和修理。

（4）螺旋桨轴及轴承　抽轴检查时，应对螺旋桨轴的锥部进行探伤检查，检查铜套是否密封，滑油密封装置应换新密封圈，仔细检查锥部的键槽和键，如果键换新必须与键槽研配，测量轴承下沉量与轴承间隙，检查轴承磨损情况。

（5）舵系的检查与修理　对舵杆、舵轴承、舵叶、舵梢、密封填料装置进行检查，如发现缺损、碰撞等缺陷，及时进行修复。

（6）船舷排出阀、海水出水阀的检查与修理　应位于流水线以下，与海底阀一样进行严格检查修理。

2. 坞修的准备工作

坞修的时间安排十分紧凑，为了顺利完成各项坞修工程项目，不误坞期，应做好下列各项准备工作。

①编制好坞修项目修理单，将修理单提前报公司船技处审核、报价，以选定坞修的船厂。

②为节省经费，船方应预先订购好坞修所需的重要备件。如需抽出螺旋桨轴检查，则必须备好密封装置的密封环和螺旋桨O形密封圈，否则会延误坞修期或者不能进行抽轴检查。

③准备好坞修所需的专用工具，如拆装螺旋桨螺帽的专用扳手、液压工具，拆装中间轴法兰螺栓的专用扳手，移动中间轴和螺旋桨轴的滑道滚轮，测量螺旋桨轴下沉量的专用测量工具等。

④准备好有关图纸资料，如船体的进坞安排图，螺旋桨图，螺旋桨轴及其轴承图，以及上次坞修的测量记录和检验报告等，提供给船厂和验船师参考。

⑤油舱的清洁处理。对于需要烧焊和明火作业的油舱，必须将油驳出，并经过洗舱和防爆安全检验。

⑥如需在坞内进行锅炉检验，进坞前应将炉水放光，以免在坞内烫伤工作人员，影响坞修工程。

⑦与厂方商洽坞修事项，如进出坞日期、岸电的供应、淡水的供应、蒸汽的供应、冷藏系统冷却水的供应、消防水的供应、厨房的使用、卫生设备的使用、油水的调驳和临时追加项目的可能性等。

3. 坞修工程的验收

（1）主要坞修项目的修理标准

①螺旋桨的修理技术标准中的有关数据。

②艉轴与艉轴承的装配。

③艉轴与螺旋桨的装配。

④艉轴密封装置的装配。

（2）质量检查与验收

①坞修中的各海底阀和通海阀必须解体、清洁，打磨完好，阀与阀座的密封面经轮机员检查认可后才能装复。

②安装艉轴和螺旋桨时，轮机长应在场监督进行。

③对坞修中的各项修理项目，应按修理单的要求检查修理质量，必要时应做水压试验和运行试验。

（3）测量记录的交验　坞修的测量记录（如尾轴下沉量，螺旋桨螺距测量和静平衡试验，艉轴承间隙，舵承间隙，轴系找正等）和其他年度检验的测量记录，应一式两份提交给轮机长。

（4）验船师的检验 主要坞修工程应申请验船师现场检验，签署检验报告。

（5）出坞前的检查 出坞前，轮机长应对下列修理工程仔细检查，认可后方可允许出坞。检查工作包括以下几项：

①检查海底阀箱的格栅是否装妥，箱中是否有被遗忘的工具、塑料布等异物，所有海底阀和出海阀是否装妥。

②检查舵、螺旋桨和尾轴是否装妥，保护将军帽是否涂好水泥，艉轴密封装置装妥后充油做油压试验。

③船底塞及各处锌板是否装复好。

④坞内放水后检查各海水阀和管路，先使各阀处于关闭状态，观察海水有无漏入管内，然后分别开启各阀，对所有管路接头及拆修过的部分检查是否漏水，必要时上紧连接螺栓。

⑤坞内放水后对海水系统放空气，使其充满海水。

⑥冷却系统、燃油系统和润滑油系统正常工作后，启动柴油发电机，切断岸电，自行供电。

第四章　渔船安全管理

第一节　渔业管理法律法规

一、《中华人民共和国渔业法》

现行《中华人民共和国渔业法》（以下简称《渔业法》）共有 6 章 50 条。包括：第一章总则，阐明了渔业法的立法目的、适用的对象和范围、渔业生产的基本方针、各级人民政府的职责和渔业监督的原则；第二章养殖业，规定了我国养殖业的生产方针和养殖业的有关管理制度；第三章捕捞业，规定了我国捕捞业的生产方针和捕捞业的有关管理制度，包括捕捞许可制度、渔业船舶检验制度等；第四章渔业资源的增殖和保护，规定了征收渔业资源增殖保护费制度和渔业资源保护制度；第五章法律责任，规定了违反《渔业法》应当承担的各种法律责任；第六章附则，规定了关于《渔业法》的实施细则的制定、实施办法和实施时间等方面的内容。

1. 《渔业法》立法的目的

《渔业法》第一条规定："为了加强渔业资源的保护、增殖、开发和合理利用，发展人工养殖，保障渔业生产者的合法权益，促进渔业生产的发展，适应社会主义建设和人民生活的需要，特制定本法"。

2. 《渔业法》适用的效力

《渔业法》适用的效力指《渔业法》发生效力的地域范围、生效的时间和发生效力的对象。

①《渔业法》生效的地域范围包括：中华人民共和国的内水、滩涂、领海、专属经济区以及中华人民共和国管辖的一切其他海域。

②《渔业法》的生效时间为 1986 年 7 月 1 日；2000 年修改决定于 2000 年 12 月 1 日生效；2004 年修改决定于 2004 年 8 月 28 日生效。

③《渔业法》发生效力的对象是在《渔业法》发生效力的地域从事渔业活动的任何单位或个人。外国人、外国渔业船舶进入中华人民共和国管辖水

域，从事渔业生产或者渔业资源调查活动，必须经国务院有关主管部门批准，并遵守本法和中华人民共和国其他的有关法律、法规的规定；和中华人民共和国签署有条约、协定的，按照所签署的条约、协定办理。

二、《中华人民共和国海上交通安全法》

《中华人民共和国海上交通安全法》（以下简称《海上交通安全法》）是我国海上交通安全管理的基本法，于1984年1月1日起施行。《海上交通安全法》共12章53条，分为：第一章总则；第二章船舶检验和登记；第三章船舶、设施上的人员；第四章航行、停泊和作业；第五章安全保障；第六章危险货物运输；第七章海难救助；第八章打捞清除；第九章交通事故的调查处理；第十章法律责任；第十一章特别规定；第十二章附则。

1. 总则

制定本法的目的，在于加强海上交通管理，保障船舶、设施和人命财产的安全，维护国家权益。中华人民共和国海事机关是对沿海水域的交通安全实施统一监督管理的主管机关。

2. 适用范围

(1) 适用水域　《海上交通安全法》适用的水域为中华人民共和国沿海水域。沿海水域是指中华人民共和国沿海港口、内水和领海以及国家管辖的一切其他海域。

①沿海港口：是指我国沿海岸线上的海港。

②内水：是指我国领海基线向陆地一侧的所有海域，包括内海、内海湾、内海峡、河口湾以及测算领海基线与海岸之间的海域等。

③领海：根据《联合国海洋法公约》的规定，领海指沿海国陆地领土及其内水以外邻接的一带海域，在群岛国的情形下，领海指其群岛水域以外邻接的一带海域。领海是国家领土在海中的延续。根据《中华人民共和国领海及毗连区法》的规定，我国领海是自领海基线起向外延伸12n mile的海域。

④国家管辖的一切其他海域：颁布《海上交通安全法》时，我国并未对外公布专属经济区、大陆架等范围，所以，在立法时对这些管辖海域做了灵活处理，将其放在国家管辖的一切其他海域之中，以便使其适用《海上交通安全法》。

(2) 适用对象　《海上交通安全法》适用对象为中华人民共和国沿海水域中航行、停泊和作业的一切船舶、设施和人员以及船舶、设施的所有人、经营人。

①船舶：是指各类排水或非排水船、筏、水上飞机、潜水器和移动式平台。

②设施：是指水上、下各种固定或浮动建筑、装置和固定平台。

三、《中华人民共和国渔港水域交通安全管理条例》

《中华人民共和国渔港水域交通安全管理条例》根据《海上交通安全法》的相关规定制定，共28条。自1989年8月1日起施行。中华人民共和国渔政渔港监督管理机关是对渔港水域交通安全实施监督管理的主管机关，并负责沿海水域渔业船舶之间交通事故的调查处理。

1. 适用范围

（1）**适用水域**　本条例适用水域为在中华人民共和国沿海以渔业为主的渔港和渔港水域（以下分别简称"渔港"和"渔港水域"）。渔港是指主要为渔业生产服务和供渔业船舶停泊、避风、装卸渔获物和补充渔需物资的人工港口或者自然港湾。渔港水域是指渔港的港池、锚地、避风湾和航道。

（2）**适用对象**　本条例适用于在中华人民共和国沿海以渔业为主的渔港和渔港水域航行、停泊、作业的船舶、设施和人员以及船舶、设施的所有者、经营者。渔业船舶是指从事渔业生产的船舶以及属于水产系统为渔业生产服务的船舶，包括捕捞船、养殖船、水产运销船、冷藏加工船、油船、供应船、渔业指导船、科研调查船、教学实习船、渔港工程船、拖轮、交通船、驳船、渔政船和渔监船。

2. 相关内容

①船舶进出渔港必须遵守渔港管理章程以及国际海上避碰规则，并依照规定办理签证，接受安全检查。渔港内的船舶必须服从渔政渔港监督管理机关对水域交通安全秩序的管理。

②在渔港内的航道、港池、锚地和停泊区，禁止从事有碍海上交通安全的捕捞、养殖等生产活动；确需从事捕捞、养殖等生产活动的，必须经渔政渔港监督管理机关批准。

③渔业船舶必须经船舶检验部门检验合格，取得船舶技术证书，并领取渔政渔港监督管理机关签发的渔业船舶航行签证簿后，方可从事渔业生产。

④渔业船舶之间发生交通事故，应当向就近的渔政渔港监督管理机关报告，并在进入第一个港口48h之内向渔政渔港监督管理机关递交事故报告书和有关材料，接受调查处理。

3. 罚则

违反本条例规定，有下列行为之一的，由渔政渔港监督管理机关责令停止违法行为，可以并处警告、罚款；造成损失的，应当承担赔偿责任；对直接责任人员由其所在单位或者上级主管机关给予行政处分：

①未经渔政渔港监督管理机关批准或者未按照批准文件的规定，在渔港内装卸易燃、易爆、有毒等危险货物的。

②在渔港内的航道、港池、锚地和停泊区从事有碍海上交通安全的捕捞、养殖等生产活动的。

③未持有船舶证书或者未配齐船员的，由渔政渔港监督管理机关责令改正，可以并处罚款。

④不执行渔政渔港监督管理机关作出的离港、停航、改航、停止作业的决定，或者在执行中违反上述决定的，由渔政渔港监督管理机关责令改正，可以并处警告、罚款；情节严重的，扣留或者吊销船长职务证书。

四、《中华人民共和国渔业船舶检验条例》

《中华人民共和国渔业船舶检验条例》经国务院批准，自2003年8月1日起施行。本条例共7章40条，分为：第一章总则；第二章初次检验；第三章营运检验；第四章临时检验；第五章监督管理；第六章法律责任；第七章附则。

1. 总则

依照《渔业法》，制定本条例的目的在于规范渔业船舶的检验，保证渔业船舶具备安全航行和作业的条件，保障渔业船舶和渔民生命财产的安全，防止污染环境。本条例授权中华人民共和国渔业船舶检验局行使渔业船舶检验及其监督管理职能。地方渔业船舶检验机构依照本条例规定，负责有关的渔业船舶检验工作。

2. 初次检验

渔业船舶的初次检验，是指渔业船舶检验机构在渔业船舶投入营运前对其所实施的全面检验。下列渔业船舶的所有者或者经营者应当申报初次检验：

①制造的渔业船舶。

②改造的渔业船舶（包括非渔业船舶改为渔业船舶、国内作业的渔业船舶改为远洋作业的渔业船舶）。

③进口的渔业船舶。

3. 营运检验

渔业船舶的营运检验，是指渔业船舶检验机构对营运中的渔业船舶所实施的常规性检验。营运中的渔业船舶的所有者或者经营者应当按照国务院渔业行政主管部门规定的时间申报营运检验。渔业船舶检验机构应当按照国务院渔业行政主管部门的规定，根据渔业船舶运行年限和安全要求对下列项目实施检验：

①渔业船舶的结构和机电设备。

②与渔业船舶安全有关的设备、部件。

③与防止污染环境有关的设备、部件。

④国务院渔业行政主管部门规定的其他检验项目。

4. 临时检验

渔业船舶的临时检验，是指渔业船舶检验机构对营运中的渔业船舶出现特定情形时所实施的非常规性检验。有下列情形之一的渔业船舶，其所有者或者经营者应当申报临时检验：

①因检验证书失效而无法及时回船籍港的。

②因不符合水上交通安全或者环境保护法律、法规的有关要求被责令检验的。

③具有国务院渔业行政主管部门规定的其他特定情形的。

5. 监督管理

有下列情形之一的渔业船舶，渔业船舶检验机构不得受理检验：

①设计图纸、技术文件未经渔业船舶检验机构审查批准或者确认的。

②违反本条例规定制造、改造的。

③违反本条例规定维修的。

④按照国家有关规定应当报废的。

6. 法律责任

①渔业船舶未经检验、未取得渔业船舶检验证书擅自下水作业的，没收该渔业船舶。按照规定应当报废的渔业船舶继续作业的，责令立即停止作业，收缴失效的渔业船舶检验证书，强制拆解应当报废的渔业船舶，并处

2 000元以上5万元以下的罚款；构成犯罪的，依法追究刑事责任。

②渔业船舶应当申报营运检验或者临时检验而不申报的，责令立即停止作业，限期申报检验；逾期仍不申报检验的，处1 000元以上1万元以下的罚款，并可以暂扣渔业船舶检验证书。

③有下列行为之一的，责令立即改正，处2 000元以上2万元以下的罚款；正在作业的，责令立即停止作业；拒不改正或者拒不停止作业的，强制拆除非法使用的重要设备、部件和材料或者暂扣渔业船舶检验证书；构成犯罪的，依法追究刑事责任：

a. 使用未经检验合格的有关航行、作业和人身财产安全以及防止污染环境的重要设备、部件和材料，制造、改造、维修渔业船舶的；

b. 擅自拆除渔业船舶上有关航行、作业和人身财产安全以及防止污染环境的重要设备、部件的；

c. 擅自改变渔业船舶的吨位、载重线、主机功率、人员定额和适航区域的。

④伪造、变造渔业船舶检验证书、检验记录和检验报告，或者私刻渔业船舶检验业务印章的，应当予以没收；构成犯罪的，依法追究刑事责任。

五、《中华人民共和国渔业船员管理办法》

《中华人民共和国渔业船员管理办法》经农业部批准，自2015年1月1日起施行。本办法共8章53条，分为：第一章总则；第二章渔业船员任职和发证；第三章渔业船员配员和职责；第四章渔业船员培训和服务；第五章渔业船员职业管理与保障；第六章监督管理；第七章罚则；第八章附则。

（一）总则

依据《中华人民共和国船员条例》，制定本办法的目的在于加强渔业船员管理，维护渔业船员合法权益，保障渔业船舶及船上人员的生命财产安全。

（1）适用对象　本办法适用于在中华人民共和国国籍渔业船舶上工作的渔业船员的管理。

（2）主管机关　农业部负责全国渔业船员管理工作。县级以上地方人民政府渔业行政主管部门及其所属的渔政渔港监督管理机构，依照各自职责负责渔业船员管理工作。

（二）渔业船员任职、培训和发证

渔业船员实行持证上岗制度。渔业船员应当按照本办法的规定接受培训，经考试或考核合格、取得相应的渔业船员证书后，方可在渔业船舶上工作。

1. 渔业船员分类

职务船员分为海洋渔业职务船员（证书）和内陆渔业职务船员（证书）。职务船员是负责船舶管理的人员，包括以下 5 类：

①驾驶人员，职级包括船长、船副、助理船副。

②轮机人员，职级包括轮机长、管轮、助理管轮。

③机驾长。

④电机员。

⑤无线电操作员。

2. 海洋渔业职务船员证书等级

（1）驾驶人员证书

①一级证书：适用于船舶长度 45m 以上的渔业船舶，包括一级船长证书、一级船副证书。

②二级证书：适用于船舶长度 24m 以上不足 45m 的渔业船舶，包括二级船长证书、二级船副证书。

③三级证书：适用于船舶长度 12m 以上不足 24m 的渔业船舶，包括三级船长证书。

④助理船副证书：适用于所有渔业船舶。

（2）轮机人员证书

①一级证书：适用于主机总功率 750kW 以上的渔业船舶，包括一级轮机长证书、一级管轮证书。

②二级证书：适用于主机总功率 250kW 以上不足 750kW 的渔业船舶，包括二级轮机长证书、二级管轮证书。

③三级证书：适用于主机总功率 50kW 以上不足 250kW 的渔业船舶，包括三级轮机长证书。

④助理管轮证书：适用于所有渔业船舶。

（3）机驾长证书　适用于船舶长度不足 12m 或者主机总功率不足 50kW 的渔业船舶上，驾驶与轮机岗位合一的船员。

（4）电机员证书　适用于发电机总功率 800kW 以上的渔业船舶。

（5）无线电操作员证书　适用于远洋渔业船舶。

3. 渔业船员培训

渔业船员培训包括基本安全培训、职务船员培训和其他培训。

①基本安全培训是指渔业船员都应当接受的任职培训，包括水上求生、船舶消防、急救、应急措施、防止水域污染、渔业安全生产操作规程等内容。

②职务船员培训是指职务船员应当接受的任职培训，包括拟任岗位所需的专业技术知识、专业技能和法律法规等内容。

③其他培训是指远洋渔业专项培训和其他与渔业船舶安全和渔业生产相关的技术、技能、知识、法律法规等培训。

4. 申请渔业普通船员证书应具备条件

①年满 16 周岁。

②符合渔业船员健康标准。

③经过基本安全培训。

5. 申请渔业职务船员证书应具备条件

①持有渔业普通船员证书或下一级相应职务船员证书。

②年龄不超过 60 周岁，对船舶长度不足 12m 或者主机总功率不足 50kW 渔业船舶的职务船员，年龄资格上限可由发证机关根据申请者身体健康状况适当放宽。

③符合任职岗位健康条件要求。

④具备相应的任职资历条件，且任职表现和安全记录良好。

⑤完成相应的职务船员培训，在远洋渔业船舶上工作的驾驶和轮机人员，还应当接受远洋渔业专项培训。

6. 渔业职务船员晋升顺序

（1）驾驶人员　助理船副→三级船长或二级船副→二级船长或一级船副→一级船长。

（2）轮机人员　助理管轮→三级轮机长或二级管轮→二级轮机长或一级管轮→一级轮机长。

7. 申请海洋渔业职务船员证书考试资历条件

（1）初次申请　申请助理船副、助理管轮、机驾长、电机员、无线电操作员职务船员证书的，应当担任渔捞员、水手、机舱加油工或电工实际工作满 24 个月。

（2）**申请证书等级职级提高**　持有下一级相应职务船员证书，并实际担任该职务满 24 个月。

8. 申请海洋渔业职务船员证书考核资历条件

（1）**专业院校学生**　在渔业船舶上见习期满 12 个月。

（2）**曾在军用船舶、交通运输船舶任职的船员**　在最近 24 个月内在相应船舶上工作满 6 个月。

航海、海洋渔业、轮机管理、机电、船舶通信等专业的院校毕业生申请渔业职务船员证书，具备本办法规定的健康及任职资历条件的，可申请考核。经考核合格，按以下规定分别发放相应的渔业职务船员证书：

①高等院校本科毕业生按其所学专业签发一级船副、一级管轮、电机员、无线电操作员证书。

②高等院校专科（含高职）毕业生按其所学专业签发二级船副、二级管轮、电机员、无线电操作员证书。

③中等专业学校毕业生按其所学专业签发助理船副、助理管轮、电机员、无线电操作员证书。

曾在军用船舶、交通运输船舶等非渔业船舶上任职的船员申请渔业船员证书，应当参加考核。经考核合格，由渔政渔港监督管理机构换发相应的渔业普通船员证书或渔业职务船员证书。

9. 渔业船员考试包括理论考试和实操评估

海洋渔业船员考试大纲由农业部统一制定并公布。内陆渔业船员考试大纲由省级渔政渔港监督管理机构根据本辖区的具体情况制定并公布。

10. 渔业船员证书的有效期不超过 5 年

证书有效期满，持证人应当向有相应管理权限的渔政渔港监督管理机构申请换发证书。渔政渔港监督管理机构可以根据实际需要和职务知识技能更新情况组织考核，对考核合格的，换发相应渔业船员证书。渔业船员证书期满 5 年后，持证人需要从事渔业船员工作的，应当重新申请原等级原职级证书。

11. 渔业船员证书损坏或丢失

有效期内的渔业船员证书损坏或丢失的，应当凭损坏的证书原件或在原发证机关所在地报纸刊登的遗失声明，向原发证机关申请补发。

（三）渔业船员配员

①海洋渔业船舶应当满足本办法规定（表 4-1）的职务船员最低配员标准。持有高等级职级船员证书的船员可以担任低等级职级船员职务。

②渔业船舶在境外遇有不可抗力或其他持证人不能履行职务的特殊情况，导致无法满足本办法规定的职务船员最低配员标准时，可以由船舶所有人或经营人向船籍港所在地省级渔政渔港监督管理机构申请临时担任上一职级的特免证明。特免证明有效期不得超过 6 个月。

③中国籍渔业船舶的船员应当由中国籍公民担任。确需由外国籍公民担任的，应当持有所属国政府签发的相关身份证件，在我国依法取得就业许可，并按本办法的规定取得渔业船员证书。

表 4-1　渔业船员最低配员标准

配员船舶类型	职务船员最低配员标准		
长度≥45m 远洋渔业船舶	一级船长	一级船副	助理船副 2 名
长度≥45m 非远洋渔业船舶	一级船长	一级船副	助理船副
36m≤长度＜45m	二级船长	二级船副	助理船副
24m≤长度＜36m	二级船长	二级船副	
12m≤长度＜24m	三级船长	助理船副	
主机总功率≥3 000kW	一级轮机长	一级管轮	助理管轮 2 名
750kW≤主机总功率＜3 000kW	一级轮机长	一级管轮	助理管轮
450kW≤主机总功率＜750kW	二级轮机长	二级管轮	助理管轮
250kW≤主机总功率＜450kW	二级轮机长	二级管轮	
50kW≤主机总功率＜250kW	三级轮机长		
船舶长度不足 12m 或者主机总功率不足 50kW	机驾长		
发电机总功率 800kW 以上	电机员，可由持有电机员证书的轮机人员兼任		
远洋渔业船舶	无线电操作员，可由持有全球海上遇险和安全系统（GMDSS）无线电操作员证书的驾驶人员兼任		

（四）渔业船员职业管理与保障

①渔业船舶所有人或经营人应当依法与渔业船员订立劳动合同。

②渔业船舶所有人或经营人应当依法为渔业船员办理保险。

③渔业船舶所有人或经营人应当保障渔业船员的生活和工作场所符合《渔业船舶法定检验规则》对船员生活环境、作业安全和防护的要求，并为船员提供必要的船上生活用品、防护用品、医疗用品，建立船员健康档案，为船员定期进行健康检查和心理辅导，防治职业疾病。

④渔业船员在船上工作期间受伤或者患病的，渔业船舶所有人或经营人应当及时给予救治；渔业船员失踪或者死亡的，渔业船舶所有人或经营人应

当及时做好善后工作。

⑤渔业船舶所有人或经营人是渔业安全生产的第一责任人，应当保证安全生产所需的资金投入，建立健全安全生产责任制，按照规定配备船员和安全设备，确保渔业船舶符合安全适航条件，并保证船员足够的休息时间。

（五）罚则

①罚款。

②吊销渔业船员证书。

③依法追究刑事责任。

六、《中华人民共和国船舶进出渔港签证办法》

《中华人民共和国船舶进出渔港签证办法》经农业部批准，于1990年1月26日起实施执行，并于1997年12月25日根据农业部令第39号进行修订。本办法共5章20条，分为：总则；签证办法；签证条件；违章处罚；附则。

1. 总则

依据《海上交通安全法》《中华人民共和国防止船舶污染海域管理条例》及《中华人民共和国渔港水域交通安全管理条例》等有关法律、行政法规，特制定本办法，目的在于维护渔港正常秩序，保障渔港设施、船舶及人命、财产安全，防止污染渔港水域环境，加强进出渔港船舶的监督管理。

（1）**适用对象** 凡进出渔港（含综合性港口内的渔业港区、水域、锚地和渔船停泊的自然港湾）的中国籍船舶均应遵守本办法。

（2）**下列船舶可免予签证**

①在执行公务时的军事、公安、边防、海关、海监、渔政船等国家公务船。

②体育运动船。

③经渔港监督机关批准免予签证的其他船舶。

④中华人民共和国渔港监督机关是依据本办法负责船舶进出渔港签证工作和对渔业船舶实施安全检查的主管机关。

2. 签证办法

①船舶应在进港后24h内（在港时间不足24h的，应于离港前）应向渔港监督机关办理进出港签证手续，并接受安全检查。签证工作一般实行进出港一次签证。

②在海上连续作业时间不超过24h的渔业船舶（包括水产养殖船），以及长度在12m以下的小型渔业船舶，可以向所在地或就近渔港的渔港监督

机关或其派出机构办理定期签证，并接受安全检查。

③渔港监督机关办理进出港签证，须填写《渔业船舶进出港签证登记簿》和《渔业船舶航行签证簿》备查。

3. 签证条件

进出渔港的船舶须符合下列条件，方能办理签证：

①船舶证书（国籍证书或登记证书、船舶检验证书、航行签证簿）齐全、有效。

②捕捞渔船须有渔业捕捞许可证。

③捕捞渔船临时从事载客、载货运输时，须向船舶检验部门申请临时检验，并取得有关证书。

④150 总吨以上的油轮、400 总吨以上的非油轮和主机额定功率 300kW 以上的渔业船舶，应备有油类记录簿。

⑤按规定配齐船员、职务船员应持有有效的职务证书。

⑥船舶处于适航状态。各种有关航行安全的重要设施及救生、消防设备按规定配备齐全，并处于良好使用状态。装载合理，按规定标写船名、船号、船籍港和悬挂船名牌。

⑦根据天气预报，海上风力没有超过船舶抗风等级。

4. 违章处罚

警告、罚款、扣留或者吊销船长职务证书（扣留职务证书时间不得超过6个月）。

七、《渔业船舶水上安全事故报告和调查处理规定》

《渔业船舶水上安全事故报告和调查处理规定》经农业部批准，自 2013年 2 月 1 日起施行。本规定共 6 章 41 条，分为：第一章总则；第二章事故报告；第三章事故调查；第四章事故处理；第五章调解；第六章附则。

1. 总则

《渔业船舶水上安全事故报告和调查处理规定》是为了加强渔业船舶水上安全管理，规范渔业船舶水上安全事故的报告和调查处理工作，落实渔业船舶水上安全事故责任追究制度而制定。

（1）适用范围

①船舶、设施在中华人民共和国渔港水域内发生的水上安全事故。

②在中华人民共和国渔港水域外从事渔业活动的渔业船舶以及渔业船舶

之间发生的水上安全事故（包括自然灾害事故）。

（2）渔业船舶水上安全事故等级划分

①特别重大事故，指造成 30 人以上死亡、失踪，或 100 人以上重伤（包括急性工业中毒，下同），或 1 亿元以上直接经济损失的事故。

②重大事故，指造成 10 人以上 30 人以下死亡、失踪，或 50 人以上 100 人以下重伤，或 5 000 万元以上 1 亿元以下直接经济损失的事故。

③较大事故，指造成 3 人以上 10 人以下死亡、失踪，或 10 人以上 50 人以下重伤，或 1 000 万元以上 5 000 万元以下直接经济损失的事故。

④一般事故，指造成 3 人以下死亡、失踪，或 10 人以下重伤，或 1 000 万元以下直接经济损失的事故。

2. 事故报告

①发生渔业船舶水上安全事故后，当事人或其他知晓事故发生的人员应当立即向就近渔港或船籍港的渔船事故调查机关报告。

②渔船事故调查机关接到渔业船舶水上安全事故报告后，应当立即核实情况，采取应急处置措施，并按规定及时上报事故情况。

③远洋渔业船舶发生水上安全事故，由船舶所属、代理或承租企业向其所在地省级渔船事故调查机关报告，并由省级渔船事故调查机关向农业部报告。中央企业所属远洋渔业船舶发生水上安全事故，由中央企业直接报告农业部。

④渔业船舶在渔港水域外发生水上安全事故，应当在进入第一个港口或事故发生后 48h 内向船籍港渔船事故调查机关提交水上安全事故报告书和必要的文书资料。

⑤水上安全事故报告书应当包括以下内容：

a. 船舶、设施概况和主要性能数据。

b. 船舶、设施所有人或经营人名称、地址、联系方式，船长及驾驶值班人员、轮机长及轮机值班人员姓名、地址、联系方式。

c. 事故发生的时间、地点。

d. 事故发生时的气象、水域情况。

e. 事故发生详细经过（碰撞事故应附相对运动示意图）。

f. 受损情况（附船舶、设施受损部位简图），提交报告时难以查清的，应当及时检验后补报。

g. 已采取的措施和效果。

h. 船舶、设施沉没的，说明沉没位置。

i. 其他与事故有关的情况。

3. 事故调查

①事故当事人和有关人员应当配合调查，如实陈述事故的有关情节，并提供真实的文书资料。

②渔船事故调查机关因调查需要，可以责令当事船舶驶抵指定地点接受调查。除危及自身安全的情况外，当事船舶未经渔船事故调查机关同意，不得驶离指定地点。

4. 事故处理

①对渔业船舶水上安全事故负有责任的人员和船舶、设施所有人、经营人，由渔船事故调查机关依据有关法律法规给予行政处罚，并可建议有关部门和单位给予处分。

②根据渔业船舶水上安全事故发生的原因，渔船事故调查机关可以责令有关船舶、设施的所有人、经营人限期加强对所属船舶、设施的安全管理。对拒不加强安全管理或在期限内达不到安全要求的，渔船事故调查机关有权禁止有关船舶、设施离港，或责令其停航、改航、停止作业，并可依法采取其他必要的强制处置措施。

③渔业船舶水上安全事故当事人和有关人员涉嫌犯罪的，渔船事故调查机关应当依法移送司法机关追究刑事责任。

5. 调解

①因渔业船舶水上安全事故引起的民事纠纷，当事人各方可以在事故发生之日起 30 日内，向负责事故调查的渔船事故调查机关共同书面申请调解。渔船事故调查机关开展调解，应当遵循公平自愿的原则。已向仲裁机构申请仲裁或向人民法院提起诉讼，当事人申请调解的，不予受理。

②已向渔船事故调查机关申请调解的民事纠纷，当事人中途不愿调解的，应当递交终止调解的书面申请，并通知其他当事人。自受理调解申请之日起 3 个月内，当事人各方未达成调解协议的，渔船事故调查机关应当终止调解，并告知当事人可以向仲裁机构申请仲裁或向人民法院提起诉讼。

第二节　油污水排放的规定、设备、操作规程及渔船防污染文书

随着海上船舶数量的增加，从各种途径排入海洋的有害物质的数量与日

俱增，造成海洋环境污染，影响生态平衡，危及海洋渔业资源。所谓船舶防污染管理是指：严格控制和预防船舶的各种有害物质的排放和意外泄漏；防止船舶在正常营运和事故中给海洋造成污染。

中华人民共和国于 1983 年 7 月 1 日加入《73/78 防污公约》，即《MARPOL73/78》，成为该公约的缔约国。该公约对船舶油污水排放的规定、设备、操作规程及渔船防污染等作出了规定。

一、船舶油污水排放规定

1. 船舶油污水排放的一般条件

①在批准的区域内。

②在航行中，瞬时排放率不大于 30L/n mile。

③污水的含油量不大于 15ppm*。

④船上油水分离设备，过滤系统和排油监控装置；处于正常工作状态。

⑤在退潮时。

2. 150 总吨及以上油船和 400 总吨及以上的非油船机舱油污水的排放

除满足上述要求外，还应距最近陆地 12n mile 以外。

3. 150 总吨及以上油船的压舱水、洗舱水的排放

除满足"1"项中之②、④外，还应满足以下要求：

①距最近陆地 50n mile 以外。

②每压载航次排油总量，现有油船不得超过装油总量的 1/30 000。

4. 船舶进行油类作业必须遵守的规定

①作业前，必须检查管路、阀门、做好准备工作，堵好甲板排水孔，关好有关通海阀。

②检查油类作业的有关设备，使其处于良好状态。

③对可能发生溢漏的地方，要设置集油容器。

④供油、受油双方商定的联系信号，以受方为主，双方均应切实执行。

⑤作业中，要有足够人员值班，当班人员要坚守岗位，严格执行操作规程，掌握作业进度，防止跑油、漏油。

⑥停止作业时，必须关好阀门。

⑦收解输油软管时，必须事先用盲板将软管封好，或采取其他有效措

---

* ppm 为非法定计量单位，$1ppm = 1 \times 10^{-6}$，常用来表示气体或溶液浓度，下同。

施，防止软管存油倒流入海。

⑧应将油类作业情况，准确地记入油类记录簿；国家不要求配备油类记录簿的船舶，应记入轮机日志或值班记录簿。

二、船舶防污染文书及防污染设备

1. 150 总吨及以上的油船和 400 总吨及以上的非油船

必须备有《中华人民共和国海洋环境保护法》规定的船舶防污文书及渔港监督要求的其他文书。

2. 各类船舶要分别装设符合本条例要求的防污设备

对 150 总吨及以上的油船和 400 总吨及以上的非油船，防止油污设备应符合下列要求：

①机舱污水和压载水分别使用不同的管系。

②设置污油储存舱。

③装设标准排放接头。

④装设油水分离设备或过滤系统。

⑤1 万总吨及以上的船舶，还应装设排油监控装置。

⑥船舶装设的其他防污设备，应符合国家船舶防污结构和设备规范的有关规定。

对不足 150 总吨的油船和不足 400 总吨的非油船应设有专用容器，以回收残油、废油应能将残油、废油排入港口接收设备。

三、油污水排放操作规程

1. 启动操作

①征求驾驶台，是否可以排放污水，并记录排放开始时间、地点及污水存量。

②检查各仪表、仪器是否完好。

③关闭油水分离器上的各个泄放阀。

④打开油水分离器上的放气考克，打开处理水排放阀，开启 15ppm 监测装置。

⑤将泵吸入口管路上的三通阀切换到清水（或海水）管系上。

⑥接通电气控制箱电源，电源指示灯亮。

⑦将电气控制箱面板上的排油开关切换到"手动"位置，排油信号灯

亮，此时排油电磁阀处于开启状态。

⑧在电气控制箱面板上按下泵启动钮，泵即开始运转，工作指示灯亮，此时清水被泵入油水分离器内，将装置内的空气排出。

⑨当油水分离器上的放气考克出水时，表明装置内已灌满水，此时关闭放气考克。

⑩把泵吸入口管路上的三通阀切换到油污水管系上，泵停止吸入清水，而开始改吸油污水舱中的污水。

⑪将电气控制箱面板上的排油开关切换到"自动"位置，排油信号灯熄灭，此时排油电磁阀处于关闭状态。

⑫调节排出管路上的压力调节阀，使压力保持在 0.05～0.1MPa。完成上述操作，油水分离器即可投入正常工作。

2. 油水分离器的运行管理

①检查各仪表的读数是否正常。

②泵出口压力不准超负荷，安全阀整定值 0.26MPa，排出管压力值为 0.05～0.1MPa，当泵出口压力值超过规定值，应检查管路是否堵塞，否则应清洗或更换分离器滤芯，清洗分离器。

③当环境温度较低时（寒冷季节），污油黏度较大，应该将控制箱上加热开关打到自动位置，设定加热温度（最高不超过 60℃）。

④经常开启排水管上取样阀，检查排水情况，取样时，开启取样阀，让其放气 1min 左右，然后用取样瓶取样，取样瓶应该用碱液或肥皂水反复清洗干净，保证无油迹。

⑤经常检查各管系情况，不得有泄漏。

3. 监控

①油水分离器投入正常运行时，应将油分浓度监测装置电源开关接通。

②将监测装置取水样管路上的三通阀切换到分离装置处理水排放水管上仪器即投入运行，自动进行连续检测和控制。

③当油水分离器停止工作后，将取样管路上的三通阀切换清水位置上冲洗几分钟，然后将阀关闭，切断监测装置电源。

4. 停机操作

①当油污水处理完毕时，将泵吸入口管路上的三通阀切换到清水（或海水）管系上，连续运行 15min，以冲洗分离装置。

②将电气控制箱面板上的排油开关切换到"手动"位置，停止加热。

③冲洗完毕后，按下电气控制箱面板上泵的停止钮，泵即停止运转，工作指示灯熄灭。

④停止运行后通知驾驶台，并记录排放结束时间、地点及污水柜存量。

⑤若短期停用，满水保养；长期停用需将油水分离器放空。

第三节　渔船轮机设备检验

为了便于进行具体的检验工作，主管机关制定了船舶检验技术规程，其中轮机设备检验的主要检验数据如下所述。

一、主要机械设备

①柴油机扫气箱防爆门的开启压力不超过最高扫气压力的 1.1 倍。

②柴油机气缸盖、气缸和活塞的冷却水腔水压试验，一般都为 0.7MPa。

③柴油机气缸安全阀校验开启压力为 1.4 倍最大燃烧压力。

④废气涡轮增压器的叶轮做动平衡试验并应符合下列规定：

a. 当 $n \leqslant 20\ 000 r/min$ 时，叶轮偏心距 $e \not> 0.002mm$；

b. 当 $n > 20\ 000 r/min$ 时，叶轮偏心距 $e \not> 0.001mm$。

⑤对涡轮增压器壳进行 $1.5p$（p 为工作压力，MPa）但不少于 0.4MPa 的水压试验，以检查有无裂纹。

⑥中冷器应进行 $1.25p$ 水压试验（p 为最大工作压力，MPa）。

⑦柴油机机座紧配螺栓应不少于总数的 15%，且不少于 4 只。垫片厚度应在 10～75mm，钢质垫块厚度不大于 25mm，铸铁垫块厚度不少于 25mm。

⑧发电柴油机修理后的负荷试验应尽量达到标定值。如老旧船舶有困难时，可按船舶常用最大负荷但不低于标定值的 75% 进行负荷试验，试验时间不少于 2h。

⑨经检修的锚机、舵机和起货设备，在效用试验前应进行不少于 30min 的空运转试验。

⑩校验舵机液压系统上的溢流阀、安全阀，其开启压力应不大于 1.1 倍的最大工作压力。

⑪空气压缩机总排量对空气启动系统应能从大气压力开始在 1h 内充满

所有主机启动用空气瓶。

⑫空气瓶及管系的密封性试验从充气达到工作压力后起算 24h 内压力降不大于工作压力的 4%，或浸入水中 3min 无漏气即为合格。

⑬空气瓶的安全阀应经校验，开启压力不超过 1.1 倍的工作压力，关闭压力一般不低于 85% 的工作压力。

设置易熔塞的空气瓶，应结合内部检验检查易熔塞的技术状况是否正常。

⑭动力管系一般按 1.5 倍工作压力做液压试验。管壁表面温度超过 60℃者一般应包扎绝热材料或保护层。

二、电气设备

①发电机或变换装置检修后，以在船舶各种使用工况中常用的最大负荷作为试验负荷，试验时间 1～2h；发电机额定容量（如属可能）进行温升试验直至温升实际稳定为止，试验时间一般不少于 4h，温升不应超过规范规定的温升限值。

②发电机并联运行试验的负载应在总标定功率的 20% 至机组并联运行常用的最大负荷的范围内变化，应能稳定运行和负荷转移，

③发电机的自动开关，应校核下列保护装置（包括脱扣器动作）的可靠性。

a. 过载保护装置：过载 10%～50%，延时少于 2min 自动开关分断。建议可调定在发电机额定电流的 125%～135%，延时 15～30s 自动开关分断，也可按原调定值进行复核。

b. 并联运行的发电机的逆功率（或逆电流）保护装置调定为：柴油发电机标定功率（电流）的 8%～15%；汽轮发电机标定功率（电流）的 2%～6%；交流发电机应延时 3～10s 动作；直流发电机应瞬时或短暂延时（少于 1s）动作，也可按原调定值复核。

c. 并联运行的发电机的欠电压保护，应当在电压降低至额定电压的 35%～70% 时，自动开关自动分断。

④电动机检修后应在机械装置常用最大负荷下试验不少于 1h，电动机应无敲击和过热及振动现象。

⑤绕组经过拆绕的电动机，相应进行平衡、超速、耐电压及温升试验；以机械装置常用最大负荷进行温升试验，试验时间不少于 2h。

三、螺旋桨轴和艉轴

①检查键与艉轴的键槽及桨毂键槽的装配情况，一般应不能插入 0.05mm 塞尺，允许沿键槽周长的 20％局部插入。

②检查轴套的磨损，轴套减薄不应超过原厚度的 50％，填料函处不应超过 60％，轴和轴套的圆度和圆柱度不应超过规定值。

③换新铜套应进行 0.15MPa 的水压试验，5min 内不得渗漏。

④检查艉轴承间隙，其安装及磨损极限不应超出规定值。轴承下部应无间隙，测量位置一般以距尾管端 100mm 处为准。铁梨木轴承如因修理需要偏心镗孔时，铁梨木厚度应不小于按正中心镗孔厚度的 80％。

⑤检查艉轴油润滑轴承的轴封装置，装复后应进行油压试验以检查密封性是否良好，试验压力为 1.5 倍的工作压力。如采用重力油柜润滑时，从泵至有回油时算起连续 3min 内不应有任何泄漏。如果是橡皮筒式端面密封，一般也不应漏油，但每分钟油滴不超过 3 滴时亦允许使用（试验时应间断地正倒慢慢转车）。

第五章 渔船安全操作及应急处理

第一节 船舶搁浅和碰撞后的应急安全措施

一、船舶搁浅的应急安全措施

所谓船舶搁浅，是指船舶进入浅水域航行时，船体底部落在水底的情况。当船体底部部分落在水底时称为部分搁浅；当船体底部全部落在水底时称为全部搁浅。

1. 船舶搁浅可能造成的损坏

根据搁浅的程度，对船舶及其相关设备可能造成下列不同程度的损坏。

①海水系统吸进泥沙或堵塞。

②船舶底部破损使相应舱室进水。

③船体变形使运转设备的对中性改变。

2. 船舶发生搁浅或擦底时轮机部应采取的应急处理措施

①轮机长应迅速进入机舱，命令值班轮机员迅速进行相应的操作，使机舱的相应设备处于备车状态。

②根据主机的负荷情况，适时地降低主机转速。及时与驾驶台联系，询问情况，以便及时地采取相应的降速措施。

③使用机动操纵转速操纵主机。搁浅后，不管驾驶台采取冲滩还是退滩措施，机舱所给车速都应使用机动操纵转速或系泊试验转速，防止主机超负荷。

④换用高位海底阀门。搁浅时值班轮机员应立即将低位海底阀门换为高位海底阀门，防止吸进泥沙，堵塞海水滤器。

3. 主机运转时的检查内容及处理措施

（1）推进装置及其附属系统

①持续检查主海水系统的工作情况，如果发现海水压力较低，立即换用另一舷的高位海底阀，同时尽快清洗海水滤器，清除积存的泥沙，确保主机

及发电柴油机的正常运转。

②连续检查滑油循环柜的液位，关注主机的滑油压力和主机滑油冷却器的滑油进出口温度。

③检查曲轴箱的温度。

④检查中间轴承和艉轴的温度。

⑤倾听齿轮箱（如果适用）的声音是否正常。

⑥检查舵机工作电流及转动声音是否正常。

（2）其他设备及系统

①搁浅时双层底舱柜可能变形破裂，要注意检查和测量各舱柜的液位变化，注意海面有无油花漂浮等，并做好机舱排水准备工作。

②停止非必须运行的海水冷却系统的工作，避免由于船舶搁浅而吸入泥沙造成海水冷却系统堵塞。

4. 停止主机运转后的检查内容

搁浅可能引起船体变形，造成柴油机轴系中心线的弯曲，影响柴油机运转，所以船舶搁浅后必须检查轴系的情况。判断轴系状态可用下列方法。

（1）**盘车检查** 停车后为判断轴系是否正常，艉部搁浅时可用盘车机盘车检查，检查轴系运转是否受阻。

（2）**柴油机曲轴臂距差的测量** 搁浅后应尽快创造条件测量曲轴臂距差，通过曲轴臂距差来判断曲轴中心线的变化和船体的变形，决定脱险后主机是否正常运行或减速运行。

（3）**舵系的检查** 搁浅时舵系有可能被擦伤或碰坏，因此搁浅后必须对舵系进行仔细检查：

①进行操舵试验，检查转舵是否受阻。

②检查舵机负荷是否增加，如电机电流和舵机油压是否正常。

③检查转舵时间是否符合要求。

④检查舵柱有无移位，转舵时舵柱是否振动。

二、船舶碰撞后的应急安全措施

船舶碰撞指由于某种原因，船舶与船舶或船舶与海上固定物或漂浮物之间发生受力接触，使船体破损而进水，引起船身倾斜，甚至沉船等后果的情况。

1. 船舶碰撞后果

根据船舶碰撞的程度，对船体及其相关设备可能造成的损失包括：

①船体破损而进水，引起船身倾斜，甚至沉船。

②如果碰撞发生在船体燃油舱部位，会导致燃油泄漏，造成海洋污染。

③有时会伴有火情产生，危及船舶及人员生命的安全。故当发生船舶碰撞事故时应采取相应的应急安全措施。

2. 船舶碰撞后的一般应急措施

①轮机长迅速进入机舱。

②如为航行状态，命令当值人员做好备车工作，使主机处于随时可操纵状态。

③如为锚泊状态，可加开一台发电机。

④监督值班人员按照船长命令操纵主机，做好轮机日志的记录。

⑤其他人员到指定地点（航行中到机舱）集中听候分配。

3. 碰撞部位在机舱内的进一步安全措施

若碰撞发生在机舱内的部位，且有进水现象，则应按机舱进水应急操作程序处理。

（1）机舱进水时的应急排水措施

①一旦发现机舱进水，值班轮机人员应立即发出警报并报告轮机长，同时应迅速采取紧急措施，不得擅离机舱。

②轮机长接到报告后，应立即进入机舱现场检查，并按照应急部署组织抢救。

③尽力保持船舶电站正常供电。

④根据进水情况使用舱底水系统或应急排水系统，若机舱大量进水，应做好应急吸入阀及其海水泵系的应急操作。

⑤根据进水部位、进水速率判断排水措施的有效性，进一步采取相应措施。

（2）机舱进水时的应急堵漏措施

①执行机舱进水时的应急堵漏措施，同时船长和轮机长应立即组织人员摸清破损部位，确定进水流量，从而拟定有效的堵漏措施。如是小破口漏水，可先打进适当的木栓或楔子，再用布或堵漏专用工具进行堵漏作业。如果碰撞造成大破口进水并有可能发生沉船危险，则必须向全船发生紧急警报，尤其在夜间必须采取一切措施通报就寝者。如果一个船舱漏水无法堵漏

时，应采取将其与相邻舱室密封隔离的措施。

②风浪天应关好水密门窗及通风口。

③艉轴管及密封装置破损，应酌情关闭轴隧水密门。

④如海底阀及阀箱、出海阀或应急吸入阀等破损，则应关闭相应的阀，并选用有效的堵漏器材封堵。

4. 碰撞部位在机舱外的进一步安全措施

①视情况切断碰撞部位的油、水、电源，关闭相应油水柜的进出口阀，尽量减轻油水污染并为抢救工作尽量创造安全的现场。

②如有火情、进水现象，各职责人员应按照应急部署表的规定迅速进入各自应变岗位。

③反复测量受损舱的液位高度变化情况。

④除轮机人员外，其他人员一律参加抢救工作。

第二节　船舶在恶劣海况下的轮机部安全管理事项

一、在大风浪中航行时的轮机部安全管理事项

1. 轮机长

①应经常到机舱督促轮机部值班人员的工作，防止主机、副机和舵机发生故障。

②在安全范围内，主机转速应尽可能配合驾驶台的需求。

③根据海上风浪、船体摇摆情况以及主机飞车和负荷变化情况，应适当降低主机负荷。

2. 机舱值班人员

①值班轮机员不得远离操纵台，应注意主机转速变化，防止主机飞车，认真执行驾驶台和轮机长的命令。

②做好工具、备件、可移动物料、油桶等绑扎事宜，关闭机舱管辖范围内的门窗和通风道。

③尽量将分散在各燃油柜里的燃油驳到几个或少数燃油柜中，以减少自由液面，并保持左右舷存油平均，防止船体倾斜。

④燃油的日用油柜和沉淀柜要及时放水，并保持较高的油位和适当的油温。

⑤主机滑油循环油柜的油量应保持正常，不可过少，特别是船舶摇晃时

出现低油位报警时，应及时补油。

⑥注意主、副机燃油系统的压力，酌情缩短清洗燃油滤器的时间，以免燃油滤器被堵而影响供油。

⑦机舱舱底水要及时处理。

⑧必要时增开一台发电机。

二、在大风浪中锚泊时的轮机部安全管理事项

①按船舶航行要求保持有效的轮机值班。

②影响备车和航行的各项维修检查工作必须立即完成，并使之保持良好的工作状态。

③仔细检查所有运转和备用的机器设备。

④按驾驶台命令使主、副机保持备用状态。

⑤采取措施，防止本船污染周围环境并遵守各项防污规则。

⑥所有应急设备、安全设备和消防系统均处于备用状态。

⑦注意做好大风浪中航行的各项准备工作。

三、台风季节轮机部安全管理事项

轮机部应在船长的指挥领导下，由轮机长带领落实防台风具体措施。

①尽快对防台风设备和器材进行一次全面的检查，使锚机、绞缆机、主机、副机和舵机等设备处于良好的工作状态。

②船上应备有比正常情况下多5天的备用燃油，并备足淡水。

③所有移动的工具、备件、物料、油桶等均应绑妥。

④各燃油柜里的燃油尽量驳到几个或少数燃油柜中，以减少自由液面，并注意保持左右舷平衡。

⑤关闭机舱管辖范围内的门窗和通风道等，保持水密。

⑥在海上作业中遇台风时，值班轮机员应在操纵台随时操纵主机，认真执行驾驶台的车钟命令。所有应急设备、安全设备和消防系统均处于备用状态。

⑦轮机长应在机舱亲自指挥，保持主、副机和舵机等设备正常运转，在安全范围内，主机转速应尽一切可能配合驾驶台的需求。

⑧检查驾驶台与机舱及船舶首、尾通信联系设备，确保通信畅通。

⑨如船舶在港口停泊防台风时，应按照港口所在地政府对防台的要求，

做好船员撤离或保持 2/3 的船员留船值班工作。

四、在能见度不良时航行轮机部安全管理事项

①轮机部加强值班，保持主、副机和舵机及空压机等设备处于正常的工作状态。

②保证汽笛的工作空气正常使用。

③保持船内通信畅通。

④随时听从驾驶台的命令。

⑤必要时增开一台发电机。

第三节　全船失电时的应急措施

船舶电站突然中断对船舶主要设备及系统的电力供应，导致其无法正常运行的故障情况，称为全船失电。全船失电可导致主机停车、舵机失灵、助航设备失灵等故障。

一、全船失电的主要原因

①电站本身故障，如空气开关故障、变压器故障等。

②大电流、超负荷，如大功率电气设备启动或电气短路。

③发电机及其原动机本身的故障。

④操作失误。

二、全船失电时的应急措施

1. 船舶在正常作业或航行中全船失电时的应急措施

①立即通知驾驶台，通知轮机长下机舱。

②同时启动备用或应急发电机（如有），并在最短时间内恢复供电。

③恢复保证正常作业或航行必需的各主要设备供电。

④重新启动主机，恢复主机正常运转。

⑤遇特殊情况，如船舶避碰急需用车，只要主机有可能短期运转则应执行驾驶台的命令。

⑥待发电机恢复正常供电后，再启动各辅助设备，保持船舶正常作业或航行。

2. 船舶在狭水道或进出港航行中全船失电时的应急措施

①立即通知驾驶台。

②同时启动备用或应急发电机（如有），合上电闸并以最时间恢复供电。

③尽最大可能保证主机正常运转。

④值班轮机员应在操纵台随时操纵主机，并随时与驾驶台取得联系。

⑤如情况紧急，船长必须用车，可按车令强制启动主机而不考虑主机后果。

三、防止船舶失电的安全措施

①做好配电板、控制箱等的维护保养工作。

②做好各电机及其拖动设备的维护保养工作，及时修理与更换有关部件。

③做好发电机及原动机的维护保养工作。

④在狭水道或进出港航行中，增开一台发电机并联运行以保安全。尽量避免配电板操作或同时使用几台大功率设备。

第四节　船舶在航行中舵机失灵时的应急措施

一、航行中舵机失灵的主要原因

①船舶失电导致舵机无法正常工作。

②舵机液压系统故障导致舵机无法正常工作。

③舵机机械传动系统故障导致舵机无法正常工作。

二、航行中舵机失灵时的应急措施

1. 一般应急措施

①航行中发现舵机失灵，驾驶台应先转换为辅助操舵系统，并通知船长和机舱值班轮机员。

②机舱值班轮机员应立即启动辅助或应急操舵装置，同时通知轮机长。

③轮机长迅速到舵机舱，组织机舱人员进行相应的操作和抢修。

④船长到驾驶台，按舵机的损坏情况指挥船舶的应急操纵。

2. 舵机因控制系统故障而失灵时的应急措施

舵机的控制系统故障，是指驾驶台不能有效地通过主、辅操舵装置操纵舵机的紧急状态，此时应采取如下应急措施：

①在舵机的应急操纵过程中，值班轮机员不得远离操纵台，按车令操纵主机，执行船长和轮机长的命令。

②船长应安排一名驾驶员和船员到舵机舱，负责接听驾驶台的舵令，配合轮机员操纵舵机。

③机舱人员应加强轮机值班，尽全力抢修驾驶室主、辅操舵装置，使其尽快恢复功能。

④就近驶向有能力修复主、辅操舵装置的港口进行修复。

⑤轮机长作详细的事故报告，报告所发生事故的时间、海况、地点、原因和采取的措施。

3. 舵机因电源故障而失灵时的应急措施

①船长应上驾驶台亲自指挥，并召集甲板部人员采取紧急措施。

a. 若船舶在海上作业或航行，则值班驾驶员应按《国际信号规则》和《国际海上避碰规则》规定显示号灯、号型；加强瞭望；可利用主机操纵船舶，若水深合适，应随时准备抛锚。

b. 若船舶正在进出港口或狭水道航行，则立即备锚、尽快选择合适地点抛锚；按《国际信号规则》和《国际海上避碰规则》规定显示号灯、号型；加强瞭望；必要时请求拖船协助拖航。

②如轮机部自行抢修困难或无效时，轮机长应立即报告船长，说明舵机失灵原因、已经进行的抢修措施、需提供的支援和进一步采取的措施。

第五节　弃船时轮机部的应急安全措施

当发生重大机损、海损事故，抢救失败，经确认不弃船就无法保证船上人的生命安全时，船长应果断下令弃船。当船长下达弃船命令后，全体船员应立即穿着救生衣，按应变部署表的分工完成各自的弃船准备工作。

一、弃船时轮机部人员的职责

1. 轮机长职责

①在机舱指挥、督促和指导轮机部全体人员执行应变部署表中各自的任

务，对突发事件给予指导和决定。

②负责与船长保持联系，及时掌握船舶的具体情况，确保轮机人员安全撤离。

③负责携带轮机部的相关文件最后撤离机舱。

2. 各轮机员职责

①停主机及相关辅助设备，同时切断电源。

②关闭海底阀。

③关闭机舱水密门。

④停锅炉并放气（如有），切断电源。

⑤关闭机舱各污油、污水柜进出口阀门及测量孔等。

二、弃船时轮机部的应急措施

①轮机长应立即下机舱，现场督促、指导机舱人员的各项操作。

②当值人员在听到警报信号后仍应坚守岗位按命令完成各项操作。

③各轮机员按应变部署表的要求进行弃船的各项操作。

④如果接到两次完车信号或船长利用其他方法通知完车，应立刻告诉轮机部全部人员撤离机舱，并待全部人员离开机舱后，轮机长才能携带轮机日志等相关重要文件，最后撤离机舱并立即登艇（筏）。

第六节 轮机部安全操作注意事项

一、上高作业

①按规定离基准面 2m 以上为上高作业。上高作业用具如系索、脚手架、坐板、保险带、移动式扶梯等，在使用前必须严格检查，确认良好。

②上高作业人员应穿好防滑软底鞋、系好保险带并系挂在固定地方。

③上高作业时，上高作业所有的工具和物件应放在工具袋或桶内、或用软细绳索缚住，以防落下伤人或摔坏物件。其他人员应尽量避免在其下方停留作业。

④上高作业易发生坠落或重物落下砸人等伤亡事故。在强风或风浪较大时，除非特殊需要，禁止上高作业。

二、吊运作业

①严禁超负荷使用起吊设备。在吊运鱼货或物件前，应认真检查起吊设备，尤其是吊索、吊钩等的完好性，确认牢固可靠，方可吊运。

②起吊时，应先用低速将吊索绷紧，然后摇晃绳索并注意观察，确认牢固、均衡；起吊物松动后，再慢慢起吊。如发现起吊吃力，应立即停止，进行检查或采取其他相应措施，防止超负荷。

③在吊运中，禁止任何人在其下方通过；也不得在起吊部件下方进行作业；如确实需要，应采取有效的防范措施。

④严禁用起重设备运送人员。

三、检修作业

①检修主机时，必须在主机操纵处悬挂"禁止动车"的警告牌；检修中如需转车，应特别注意检查各有关部位是否有人作业及是否存在影响转车的物品和构件。一切警告牌均由检修负责人挂、卸，其他任何人不得乱动。

②检修副机和各种辅助机械及其附属设备时，应在各相应的操纵处或电源控制箱悬挂"禁止使用"或"禁止合闸"的警告牌。

③检修发电机或电动机时，应在配电板或分电箱的相应部位悬挂"禁止合闸"的警告牌。如有必要，取出控制箱内的保险丝。

④检修管路及阀门时，应事先按需要将有关阀门置于正确状态，并在这些阀门处悬挂"禁动"的警告牌，必要时用铁丝将阀扎住。

⑤检修空气瓶、压力柜及有压力的管路时，应先泄放压力，禁止在有压力时作业。

⑥拆装带热部件时，要穿好长袖长裤并戴帽及手套。

⑦拆装冷冻液管时，一般要先抽空。拆装时必须戴手套、防护镜。

⑧柴油机在运转中如发现喷油器故障需立即更换时，应先停车，打开示功阀，泄放气缸内压力，禁止在运转中或气缸内尚有残存压力时拆卸喷油器。

⑨检修电路或电气设备时，严禁带电作业；确需带电作业时，必须使用绝缘良好的工具，禁止单人作业；看守人员应密切注意工作人员的操作情况，随时准备切断电源等安全措施。

⑩一切电气设备，除主管人员和电机员外，任何人不得自行拆修。禁止使用超过额定电流的保险丝。

四、压力容器使用

①氧气、乙炔和氟利昂钢瓶是高压容器，尤其乙炔是易燃易爆的危险性气体，故在装卸或搬运时不准抛扔，避免碰撞。取下钢瓶钢帽时不准敲击。

②在使用压力钢瓶时应按规定放置使用。钢瓶应存放在阴凉处，禁止曝晒或靠近热源，并用卡箍或绳子紧固。

③钢瓶内气体绝不能全部用光，剩余压力应保持不小于100kPa。用完后的空瓶应做好明显标记。

④钢瓶在开阀前仔细检查，特别要注意阀门是否反螺牙，开阀时缓慢开大。

⑤钢瓶如因严寒结冻，不得用明火烘烤，但可用热水适当加温。一般瓶体温度不得超过40℃。

⑥当发现下列情况时，应立即停止使用：

a. 容器超温、超压、过冷、严重泄漏，经处理无数时。

b. 主要受压元件发生裂缝、变形、泄漏，危及安全时。

c. 安全阀失效、接管端断裂，难以保证安全时。

d. 发生火灾、爆炸或相邻管道发生事故危及容器安全时，应迅速搬移他处。

五、渔船机舱消防

1. 渔船常发生的火灾爆炸事故种类

（1）机械设备管理操作不当引起的火灾爆炸事故

①柴油机曲轴箱爆炸。

②空压机曲轴箱爆炸。

③燃油管破裂、油柜冒油使燃油喷到柴油机排气管上引起火灾。

④柴油机增压器维修操作不当引起火灾。

（2）电气设备管理操作不当引起的火灾爆炸事故

①导线超负荷或老化引起火灾。

②绝缘不良引起火灾。

③电气设备故障，因电流的热作用而产生火花，引发火灾。

（3）对易燃物质管理不严引起火灾

①地板上、舱底、机器周围漏油过多。

②浸过油的破布、棉纱、木屑等因空气不流通而导致温度过高自燃引起火灾。

（4）明火及明火作业引起火灾

①使用火柴、打火机等引起的火灾。

②焊接作业引起炎灾。

③厨房炉灶使用明火时引起火灾。

（5）油舱柜的爆炸与火灾

①透气管处遇明火引起火灾与爆炸。

②油舱柜清洗时产生静电引起火灾与爆炸。

③油舱柜附近因明火和明火作业引起爆炸。

2. 船员日常防火防爆守则

①吸烟时，烟头必须熄灭后投入烟缸，不能随意丢弃或扔在垃圾箱内。禁止在机舱、物料间、储藏室内吸烟。加装燃油时禁止在甲板上吸烟。

②规定必须集中保管的易燃易爆物品不准私自存放，禁止任意燃烧物品或燃放烟花爆竹，严禁擅自使用救生信号弹。

③离开房间时应随手关闭电灯和电扇，风雨或风浪天气应将舷窗关闭严密；航行中不得锁门睡觉。

④禁止私自使用移动式明火电炉。使用电炉、电烙铁等电热器具或工具时必须有人看管，离开时必须拔掉插头或切断电源。

⑤禁止擅自接拆电气线路或拉线装灯（插座）；不准用纸或布遮盖电灯；不准在电热器具上烘烤衣服、鞋袜等。

⑥废弃的棉纱、破布应放在指定的金属容器内，不得乱丢乱放。油污潮湿的棉、毛织品应及时处理，不能堆放在闷热的地方，以防自燃。

⑦进行明火作业前，经船长同意后，还须查清周围及上下邻近舱室有无易燃物，特别要查明焊接处是否通向油舱或冷藏舱内泡沫。气焊作业时要严防"回火"，并须派人备妥消防器材且在旁边监护。

⑧严格遵守与防火防爆有关的操作规程和规定。当发现任何不安全因素时，每个船员均有责任及时报告，对违章行为，人人有责及时制止。

3. 防火防爆的预防措施

①定期检验机械的安全设备，如锅炉、空压机、柴油机气缸盖上的安全

阀，船检定期检验铅封。

②保持电路绝缘良好。

③对油舱柜加强管理：

a. 空油柜经过清洗、除气、测爆合格后，才准予明火作业。

b. 清洗空油柜时，严禁污水再循环。

c. 空油柜附近，严禁拖动电焊用的电缆。

d. 空油柜中应充满惰性气体，以防雷击。

④机舱保持清洁，严禁吸烟。

⑤自动探火及报警系统应保持正常工作。

⑥加强船员防火防爆的安全教育和消防训练，做好应急部署。

4. 机舱火灾应急操作规程

①发现机舱火情，当值人员应迅速发出火灾警报并及时灭火，控制火势蔓延。

②轮机部全体人员立即进入应急部署岗位，服从统一指挥。

③轮机长迅速进入机舱，作出正确判断，进行现场指挥灭火。

④必要时采取下列措施：

a. 切断火场电源或停止发电机运转，启动应急消防泵灭火。

b. 通知船长减速、改变航向或主机停车。

c. 停止机舱通风机、燃油泵，关闭油柜速闭阀、机舱天舱和风道挡板。

d. 抢救人员三人一组，穿好消防衣，戴好呼吸器，做好支援通信联络工作。

e. 如果机舱必须施放 CO_2 灭火，应按有关规定与船长商定后执行。在机舱施放 CO_2 灭火前必须封闭机舱，按响警报通知人员撤离现场，确认无人后才能施放。

f. 火灾扑灭后，要查找隐火，严防死灰复燃；救护伤员，机舱通风，清理现场，检查机电设备状况，排除舱底水。

g. 查明火灾成因、起火、灭火准确时间，灭火过程，善后处理，火灾损失情况，需要修理项目，并记入轮机日志。将有关情况报告公司，为海损处理做好必要的准备。

六、封闭场所作业

任何封闭场所内的气体都有可能缺氧（或含有易燃、有毒气体、或氟利昂气体）。所以在进入船上封闭场所时按步骤严格遵守以下安全技术要求。

1. 危险评估

首先对将要进入的封闭场所的潜在危险作出评估，利用测氧、测爆等仪器（如有）进行检测，确定是否存在缺氧或含有易燃、有毒气体、氟利昂等危险气体的可能性。

2. 通风换气

渔船上一般不配备专门的机械通风设备，可以采取自然通风的形式（但舱内油漆作业时必须采取机械通风），人员进入前，应尽可能长时间开启门（窗），确认无空气危险时方可进入。

3. 进入封闭处所期间的安全防护及应急措施

①进入封闭处所作业时，必须安排照应人员。作业人员与照应人员应事先明确联络信号，照应人员始终不得离开工作点。

②作业人员应系配救助安全绳（带）。

③作业人员当发现舱内有异常情况或危险可能性（如头晕、窒息）时，必须立即停止作业，迅速撤离现场，在安全处清点人数。

④如果出现紧急情况，在救助人员未到达或尚未明确情况之前，照应人员无论如何都不得进入处所内。应积极采取有效措施营救遇险人员，对已患缺氧症的作业人员应立即在空气新鲜处进行现场抢救（人工心肺复苏）。

七、燃油加装作业

①加油过程保证船舶的平衡。

②安排好加油中的使用工具、警告牌、清洁油污材料（木屑、棉纱）、试水膏及其他用品。

③进行必要的并舱，以免加油时造成混油。负责安排于油气扩散到的区域悬挂"禁止吸烟"的警告牌并备妥消防器材，严禁明火作业。

④加油前堵塞甲板疏水孔，防止溢油、跑油。

⑤加油开始前，应提请供油方提供油品质量报告。

⑥检查本船各有关阀门开关是否正确，各项工作准备妥善后，即可通知供油方开始供油。

⑦在加油过程中，要注意加油速度不要太快，防止溢油、跑油；当受油舱的油达到本舱容量的70%左右，打开下一个受油舱的加油阀，换装油舱。

⑧在整个加油过程中，要由专人照看，不得离人。

第七节　应急设备的使用与管理

机舱应急设备的种类按功能不同可分为应急动力设备、应急消防设备、应急救生设备和其他应急设备。

一、应急动力设备

1. 应急电源

(1) 应急电源的要求

①渔船应按船检规范要求设置独立的应急电源。

②应急电源应布置于经主管机关认可的最高一层连续甲板以上和机舱棚以外的处所，确保当船舶发生火灾或其他灾难致使主电源装置失效时应急电源能起作用。

③应急电源可以是发电机，由1台独立装置的柴油机驱动。

④应急电源可以是蓄电池组。当主电源装置失效时，蓄电池组自动连接至应急配电板，并能承载应急负荷而无需再充电，在整个放电期间保持其电压在额定电压的±12%以内。

⑤应急电源的功率应满足主管机关对不同等级船舶的规定。

(2) 应急电源的使用管理

①应急发电机：在船舶布置上位于救生艇甲板层，为船舶照明、应急空压机、消防泵、舵机、助航设备提供电源。应急发电机应按规定作定期检查、维护和试验；检查其柴油储存量、冷却水箱与曲轴箱液位是否正常；检查柴油机启动系统是否正常；冬季或寒冷区域应做好防冻保温工作。

②应急蓄电池组：在船舶布置上位于救生艇甲板层。应按规定作定期检查、维护和试验；主要检查其电解液的比重，及时补充蒸馏水，定期进行充放电；蓄电池组室禁止烟火，并保持良好通风。

2. 应急空气压缩机

(1) 应急空气压缩机的要求

①应急空气压缩机应采用手动启动的柴油机或其他有效的装置驱动，以保证对空气瓶的初始充气。

②应急空气压缩机是船舶以"瘫船状态"恢复运转的原始动力。所谓"瘫船状态"是指包括动力源在内的整个船舶动力装置停止工作，而且使主

推进装置运转和恢复主动力源的辅助用途的空气压缩机和启动蓄电池等不起作用。

（2）应急空气压缩机的使用管理

要按其结构的具体情况，定期检查和加注润滑油，进行启动和效用试验，确保其技术状况达到随时可用状态。

3. 应急操舵装置

（1）应急操舵装置的要求

①每艘渔船应配备主操舵装置和辅操舵装置，并且两者之一发生故障时不会导致另一装置不能工作。

②辅操舵装置应能于紧急时迅速投入工作，并能在船舶最深航海吃水和最大营运航速的一半或 7kn（取大者）前进时，在 60s 内将舵自一舷 15°转至另一舷 15°。

③对于辅助操舵装置，其操作在舵机室进行，即便是动力操纵也应能在驾驶室进行，并应独立于主操舵装置的控制系统。

④驾驶室与舵机室之间应有通信设施。

（2）应急操舵装置的使用管理

定期检查和进行效用试验，确保其处于随时可用状态。

二、应急消防设备

1. 应急消防泵

（1）应急消防泵的要求

①渔船应按渔业主管机关的要求配备应急消防泵（可携式、固定式），固定式应急消防泵应设置在机舱以外，其原动机为柴油机或电动机。电动机应急消防泵须由主配电板和应急配电板供电。

②作为驱动应急消防泵的柴油机，在温度降至 0℃时的冷态下应能用人工手摇随时启动。

（2）应急舱底水吸口和吸水阀的要求

机舱应设一个应急舱底水吸口。应急吸口应与排量最大的 1 台海水泵连接，如主海水泵、压载泵、通用泵等。应急吸口与排泵的连接管路上装设截止止回阀。

2. 应急消防泵的使用管理

①应急消防泵应作启动和泵水试验，检查排水压力，试车后关闭海底阀

和进口阀，放空消防管中残水。

②应定期清洁机舱应急舱底水吸口，防止污物堵塞；截止止回阀应定期加油活络，防止锈死。

③燃油速闭阀、通风管防火板应定期保养和检验，并进行就地操作试验。

三、应急救生设备

1. 救生艇发动机

（1）救生艇发动机的要求

①救生艇发动机应为压燃式。

②发动机应设有手动启动系统，或设有两个独立的可再次充电的电源启动系统。

③发动机启动系统和辅助启动设施应在环境温度在零下 15℃以上，启动操作程序开始后 2min 内启动发动机。

④使用的燃油闪点不得低于 43℃。

（2）救生艇发动机的使用管理

①救生艇发动机要每月定期检查发动机和离合器，进行启动试验。冬季要做好防冻工作。

②定期检查燃油储量及发动机滑油液位。

③定期更换发动机滑油。

2. 脱险通道

（1）脱险通道的要求

脱险通道从机舱处所的下部起至该处所外面的一个安全地点，应能提供连续的防火遮蔽。

（2）脱险通道的使用管理

脱险通道（逃生孔）应保持清洁无障碍，照明良好，逃生孔的上下门应经常加油活络，上下扶梯安全可靠，不可封闭。

四、其他应急设备

1. 水密门的要求

①水密门应为滑动门、用铰链门或其他等效形式的门。任何水密门操作装置，均须于船舶倾斜 15°时能将水密门关闭。

②机舱与轴隧间舱壁上应设有滑动式水密门，水密门的关闭装置应能就地两面操纵。

2. 水密门的使用管理

水密门、应急舱底水吸口及吸水阀等应急设备应按规定定期检查、活络、加注滑油。

第八节　渔船应急部署

一、渔船应急部署表的有关内容

每艘渔业船舶都应按主管机关规定，根据本船设备和人员情况，编制应急部署表与应变须知。

1. 应急部署的种类

船舶应急又称船舶应变，是指船舶发生意外事故和紧急情况时的紧急处置方法和措施。船舶应急分为：消防、救生（包括弃船求生和人落水救助）、堵漏和综合应变四种。

2. 应急部署表的主要内容

①船舶及船公司名称、船长署名及公布日期。

②紧急报警信号的应变种类及信号特征、信号发送方式和持续时间。

③职务与编号、姓名、艇号、筏号的对照一览表。

④航行或作业中驾驶台、机舱人员及其任务。

⑤消防应变、弃船求生、放救生艇筏的详细分工内容和执行人编号。

⑥每项应变具体指挥人员的接替人。

⑦有关救生、消防设备的位置。

3. 应变信号种类

①消防：警铃和汽笛短声，连放 1min。

②堵漏：警铃和汽笛 2 长 1 短声，连放 1min。

③人落水：警铃和汽笛 3 长声，连放 1min。

④弃船：警铃和汽笛 7 短 1 长声，连放 1min。

⑤综合应变：警铃和汽笛 1 长声，持续 30s。

⑥解除警报：警铃和汽笛 1 长声，持续 6s 或口头宣布。

4. 应变部署职责

（1）人员职责

①船长是应变总指挥，有权采取一切措施进行抢险处置，并可请求有关方面给予援助。

②船副是应变现场指挥（除机舱抢险外），是总指挥的接替人，并负责救生、消防、堵漏等单项应变的组织部署。

③轮机长是机舱现场指挥，并负责保障船舶动力。

④驾驶员（船副、助理船副）任各救生艇（筏）长。

⑤轮机员（管轮、助理管轮）任机动艇操纵员。

⑥放艇时，先进入艇内的两人应是技术熟练的捕捞员。

（2）消防应变部署分消防、隔离和救护三队

①助理船副任队长，直接负责现场灭火。

②隔离队由渔捞长任队长，任务是根据火情关闭门窗、舱口、孔道，截断局部电源，搬开近火易燃物品，阻止火势蔓延。

③救护队由船上医生（如有）或船长指定人员任队长，任务是维持现场秩序，传令通信和救护伤员。

（3）堵漏应变部署分堵漏、排水、隔离和救护四队

①堵漏队由渔捞长任队长，助理管轮任副队长，直接担任堵漏和抢修任务。

②排水队由轮机长领导机舱值班人员进行。

③隔离队由助理船副任队长，负责关闭水密门、隔舱阀和测量水位等。

④救护队由船上医生（如有）或船长指定人员任队长。

5. 应变部署表编制要求

①应变部署表应写明通用报警信号，并规定发出警报时船员必须采取的行动。应变部署表应写明弃船命令将如何发出。

②应变部署表应写明分派给各类船员的任务。

③应变部署表应指明各高级船员负责保证维护救生设备和消防设备，使其处于完好和立即可用状态。

④应变部署表应指明关键人员受伤后的替换者，要考虑到不同应变情况要求不同行动。

⑤应变部署表应在出航前制订。

6. 应变部署表的编制原则

①符合本船的船舶条件、船员条件以及航区自然条件。

②关键部位、关键操作选派得力船员。

③根据本船情况，可以一职多人或一人多职。

④人员的编排应最有利于应变任务的完成。

7. 应变部署表的编制职责与公布要求

应变部署表由船副具体负责。助理船副根据船副的部署意图，于船舶出航前编排应变部署表，给船副审核、船长批准签署后公布实施。应变部署表应张贴或用镜框配挂在驾驶台、机舱、餐厅和生活区走廊的主要部位；在其附近，应有本船消防器材示意图。为使应变中各级负责人熟悉所领导的人员及其分工，应将部署表中各编队（组）分别抄录发给各编队（组）长。

二、船舶应变须知和操作须知的有关内容

1. 应变须知

每位船员应有 1 份应变时的须知。在床头及救生衣上都有 1 张应变任务卡。应变任务卡有本人在船员序列中的编号、救生艇（筏）号，各种应变信号及本人在各种应变部署中的任务。

2. 操作须知

在救生艇（筏）及其操纵器的上面或附近，应设置明显的告示或标志，说明其用途和操作程序。

3. 演习

①每位船员每月应至少参加 1 次弃船演习和消防演习。

②堵漏（抗沉）演习每 3 个月举行 1 次。

三、渔船消防演习与应急反应的有关规定

1. 消防演习规定

①演习应尽可能按实际应变情况进行。

②每位船员每月应至少参加一次弃船演习和消防演习。

③每次消防演习计划应根据船舶类型及实际可能发生的各种应急情况制订。

④每次消防演习应包括：

a. 向集合地点报到，并准备执行应变部署表规定的任务。

b. 启动消防泵，要求至少 2 支所要求的水枪，以显示该系统处于正常工作状态。

c. 检查消防员装备及其他个人救助设备。

d. 检查有关通信设备。

e. 检查演习区域的水密门、防火门和通风系统的主要进口和出口。

f. 演习中使用过的设备应立即放回，保持其可操作状态。

2. 消防演习的组织

①消防演习应按应变部署表中的消防部署进行。船副任消防演习的现场指挥，负责指挥消防队、隔离队和救护队。

②演习要求。消防演习时，应假想船上某处发生火警，组织船员扑救。全体船员必须严肃对待演习，听到警报后，应按应变部署表中的规定，在2min内携带指定器具到达指定地点，听从指挥，认真操演。机舱应在5min内开泵供水。

③演习评估。消防演习后，由现场指挥进行讲评，并检查和处理现场，还要对器材进行检查和清理，使其恢复至完整可用的状态。

④演习记录。演习结束后，应将每次演习的起止时间、地点、演习内容和情况，如实记入航海日志。

3. 火灾应急反应及人员安全

①船员发现火灾应立即发出消防警报，就近使用灭火器材进行灭火。

②全体船员听到警报后，应立即就位并按应变部署表的分工进行灭火。

③灭火人员应在船副（机舱为轮机长）指挥下，迅速查明火源，特征、火烧面积、火势蔓延方向等，并报告船长。

④如有人在火场受威胁，应立即采取抢救措施，如确定火场无人应立即关闭通风口和其他开口，切断电源，然后控制火势。

⑤在航行或捕捞作业时，应注意操纵船舶使火区处于下风方向，并按规定显示号灯、号型。

⑥船长应根据具体情况决定灭火方案，并对是否可能引起爆炸作出判断；消防人员应根据应变部署表的分工和船长的指示全力扑救。

⑦如采用封闭窒息的方法灭火，必须经过相当长的时间，并组织足够的消防力量做好扑灭复燃的准备，才能逐步打开封闭设施，再视情况缓慢予以通风。

⑧如火灾引起爆炸，经抢救确实无效时，船长应宣布弃船。

四、渔船救生与应急反应的有关规定

1. 渔船救生

渔船救生包括弃船求生和人落水救助两种应变。

①每次弃船救生演习应包括：

a. 利用通信工具通知弃船演习，将船员召集到集合地点，并确保他们了解弃船命令。

b. 船员向集合地点报到，并准备执行应变部署表规定的任务。

c. 查看船员穿着是否合适，救生衣穿着是否正确。

d. 完成救生筏任何必要的降落准备工作。船员应按应变任务卡上的筏号做好登筏准备。

e. 船上如配备救生艇的渔船，应降下1艘救生艇，并启动救生艇发动机。

f. 介绍无线电救生设备的使用。

②每艘救生艇一般应每3个月在弃船演习时乘载被指派的操作船员降落水1次，并在海上进行操纵。

③每次弃船演习时应试验供集合和弃船所用的应急照明系统。

2. 弃船求生演习的组织

（1）**集合地点**　弃船求生或其演习的集合地点应紧靠登乘地点。

（2）**演习组织**

①听到弃船警报信号后，全体船员在2min内穿好救生衣并到达集合地点。

②艇（筏）长检查人数，检查各船员是否携带规定的物品，检查每位船员穿着和救生衣是否合适，并加以督促、指挥，然后向船长汇报。

③船长宣布演习及操练内容。

④由2名船员在2min内完成救生筏降落的准备工作，操作降落救生筏所用的吊筏架。

⑤如配备救生艇的渔船，在5min内完成登乘和降落的准备工作，并降下1艘救生艇，启动救生艇发动机。其他船员按分工各就各位。

⑥介绍无线电救生设备的使用。

⑦试验供集合和弃船所用的应急照明系统。

⑧演习结束，船长发出解除警报信号，收回救生艇（筏），清理好索具，由艇（筏）长进行讲评后解散并向船长汇报。

（3）**演习记录**　弃船求生演习的起止时间、演习操练的细节由船副和管轮分别记录于航海日志和轮机日志。

3. 弃船求生应急反应及人员安全

①当确认不弃船就无法保证船上人命安全时，船长应果断下令弃船，并

按规定发出船舶遇难求救信号。

②船长下达弃船命令后，除仍在固定值班人员外，全体船员应立即穿好救生衣，按应变部署表的分工完成各自的弃船准备工作。

③机舱固定值班人员在听到弃船警报信号后应仍坚守岗位按令操作；在得到完车通知后，在轮机长的领导下，抓紧做好关机、停电等弃船安全防护工作；立即携带规定物品撤离机舱登艇（筏）。

④船长应督促检查下列工作（国旗和航海日志应亲自携带）：a. 降下国旗并携旗下艇。b. 关停发电机和机舱内正在运转中的其他一切设备。c. 关闭海底阀及各储油舱（柜）阀门。d. 是否已发出遇险求救信号并已投放（卫星）应急无线电示位标。e. 检查艇（筏）长的放艇（筏）工作。

⑤船长检查按应急计划规定须携带的物品，如国旗、航海日志、雷达应答器以及足够的食品、淡水、毛毯等物品。

⑥在登艇（筏）前，船长应确定如下事项：本船遇难地点；发出遇难求救信号是否回答；可能遇救的地点和时间；驶往最近陆地或交通线的方向、距离；各艇（筏）间的通信约定及其他有关指示。

⑦按船长命令放下救生艇（筏），有序地登艇（筏）。

⑧最后，船长在确信全船无任何人员后方可离船登艇（筏）。

第六章 轮机人员的岗位职责和有关制度

第一节 轮机人员的职责

我国渔船轮机部人员的职责

我国渔船轮机部船员职责在各公司虽不尽相同，基本上可分为远洋和外海两类，其区别仅在于某些机、电设备的配置和主管检修分工有所不同。

1. 轮机部人员的共同职责

①渔船是个整体，保证船舶安全航行和作业是全体轮机人员的共同职责。

②轮机人员应有严格的组织性、纪律性、整体观念和全局观，树立"安全第一"的思想，贯彻"预防为主"的方针。

③每个轮机人员都必须对自己的工作岗位负责，在船长的领导下努力完成各自的任务。

④努力学习专业技术，不断提高技术水平和各种应急处置能力；掌握消防、求生、急救、救生艇（筏）操纵技术。

⑤在航行或捕捞作业值班中，必须集中精力，坚守自己的工作岗位，严格遵守操作规程，服从指挥，确保安全。

⑥每个轮机人员都必须熟悉和掌握自己所管的仪器、设备、设施，做好日常维护保养工作，确保处于良好工作状态。

⑦本船遇险时，必须及时组织抢救。在船长的统一指挥下，同心协力，全力以赴，为排除险情而努力。

2. 轮机长职责

①轮机长是全船机、电设备（不包括通信、导航设备）的技术总负责人，负责全船机械、电气设备的管理、维修和保养工作。做到勤检查、勤保养、勤维修，负责处理机器的故障，保持各设备处于良好工作状态，并加强

轮机与驾驶的联系与协作。

②制订本船各项机电设备的操作规程、保养检修计划、值班制度，贯彻执行各项规章制度，确保安全生产。

③负责组织轮机员（包括电机员）制订修船计划、编制修理单，组织领导修船，进行修船工作验收。

④负责燃润料、物件、备件的申领，造册保管和合理使用，节约能源，降低成本。

⑤负责保管轮机设备的证书、图纸资料、技术文件，及时报告船长申请检验。

⑥经常亲自检查机电设备的运行情况，调整不正常的运行参数，检查和签署轮机日志等。

⑦培训和考核轮机人员；检查并教育轮机部人员熟练掌握机舱应急消防设备的使用方法。

⑧进出港或复杂水道航行时，应亲自下机舱操作、指挥。

⑨在发生紧急或海损事故时，应亲临机舱指挥，按照船长命令组织抢救工作。当接到船长弃船命令时要做好善后工作，携带轮机日志及其他重要物品，最后离开机舱。

3. 管轮职责

①管轮是轮机长的主要助手，在轮机长的领导下进行工作，轮机长不在时代理轮机长的职责。管轮负责轮机部人员进行机电设备的管理、操作、维修和保养工作。参加机舱值班，并督促轮机部人员严格遵守工作制度、操作规程和劳动纪律，保证轮机部的各项规章制度得以正确执行，确保安全生产。

②负责加油和机舱配件、物品的申领、验收和保管工作；维持机舱秩序，对机舱、工作间、材料间、备件工具及机电设备的整洁进行监督和检查。

③负责保持轮机部有关安全的设备处于使用可靠状态，如应急舱底阀、机舱水密门、安全阀、机舱消防设备、船上起重设备、警告牌、重要的防护装置，定期进行必要的检查试验，并负责指导有关人员熟悉正确的管理和使用方法。在船舶发生紧急或海损事故时，按照应急部署表规定的职务，协助轮机长指挥轮机部人员做好应急抢救工作。

④负责管理副机及舵机、制冷装置、海水淡化器、空压机、分油机等部分船舶辅助机械设备；负责编制本人主管的机械设备的修理单，提交轮机长

审核；审核其他轮机人员的修理单。

⑤负责管理电气系统的正常工作（包括甲板照明），负责充电和维护蓄电池的正常工作。

⑥负责保管本人使用的技术文件、仪器、工具等。

⑦捕捞作业时，协助甲板人员进行起放网及处理鱼货工作。

4. 助理管轮职责

①在轮机长和管轮的领导下进行工作，负责管理甲板机械及泵浦（站）、救生艇发动机、应急消防泵等部分辅机，以及轮机长指定的其他辅机和设备。贯彻执行操作规程和各项规章制度。

②负责编制本人主管的机械设备的修理单，提交管轮审核。

③负责加装燃油（驳油），进行燃油的测量、统计和记录工作。

④负责保管本人使用的技术文件、仪器、工具等。

⑤参加机舱轮流值班。

⑥捕捞作业时，协助甲板人员进行起放网及处理鱼货工作。

5. 电机员职责

①在轮机长的直接领导下工作，负责船舶电气设备的管理、保养和检修工作。保持电气设备处于良好工作状态。贯彻各项工作制度和安全规则，节约材料、物料。

②负责保管和保养发电机、电动机、应急安全设备线路、避雷装置、电操舵装置、照明设备、电气仪表、电导航及其他电气设备。定期测量绝缘电阻，保证电气设备及线路处于良好工作状态。

③制订电气设备的检修计划，提交轮机长批准后执行。记载并保管电气测量、修理记录簿。

④出航前，做好出航准备工作，特别注意舵机、航行灯和航行有关的电气设备的可靠性。

⑤负责电气备件、材料、物料及专用工具的申领、验收、统计和保管工作。

⑥保管电气设备的技术文件、图纸、测量仪器和工具。

第二节　渔船轮机值班制度

我国渔船轮机值班制度因船公司的船舶吨位大小和捕捞作业方式不同而

有所差异，但其原则和传统规定却是一致的。

一、航行值班

1. 轮机员航行值班职责

①值班轮机员应严格遵守各项安全操作规章，保证机电设备正常运转，完成机舱内的各项工作。

②根据驾驶台命令迅速准确地操纵主机，认真填写轮机日志，不得任意涂改。

③按照制造厂说明书的规定和要求，使机电设备保持在标定的工作参数范围内；保持各种滤器处于良好的使用状态。

④维持各机电设备的清洁，按时巡回检查，察看机电设备的运转情况，如发现不正常现象应立即设法排除，如不能解决，应立即报告轮机长。

⑤如主机故障必须立即停车检修，应先征得驾驶台同意并迅速报告轮机长，如情况危急，将造成严重机损或人身伤亡时，可立即停车，同时报告驾驶台和轮机长。

⑥在恶劣天气中航行，为防止主机飞车和超负荷而需要降低主机转速时应通知驾驶台。

⑦根据设备运转需要，随时进行驳油、净油、造水、充气等工作，保持日用油柜、水柜有足够数量的储备。

⑧注意做好防火检查，随时清除油污，正确处理油污破布、棉纱头等易燃物。

⑨船舶发生紧急事故时，按应变部署表分工积极参加抢险工作。

⑩认真执行船长和轮机长指派的其他工作。

2. 交接班制度

①交班人员于交班时间前 30min 交班，并做好交班准备。

②接班人员提前 15min 进入机舱巡回检查，按交接内容认真检查，如发现问题，汇总向交班轮机员提出，双方如有争议向轮机长报告。

③交班人员应向接班人员分别介绍：

a. 运转中的机电设备的工作情况。

b. 曾经发生的问题及处理结果。

c. 需要继续完成的工作。

d. 驾驶台和轮机长的通知。

e. 提醒下一班注意的事项。

④交接班必须在现场进行，交班人员必须得到接班人员同意后才能下班。做到交清接明。

二、停（锚）泊值班

轮机员停（锚）泊值班的职责包括下列几项：

①值班人员应严格遵守有关安全生产的规定。

②保证机电设备正常运转。

③及时供给日常工作及生活所需的水、电、气。

④严格遵守防污染规定，防止污油、水排出舷外。

⑤若临时进厂修理，应认真检查和落实各项安全措施，以防发生意外事故。

⑥发生火警和意外危险时，如轮机长不在，应在船舶领导统一指挥下，组织轮机全体人员进行抢救。

⑦如船舶在锚泊时，轮机员应保持有效值班，根据驾驶台的命令使主、辅机保持准备状态，做好随时移泊准备工作。

第三节　船员调动交接制度

一、一般规定

船员因故调离船舶或船员变动职务并有人接任时，均应按规定进行交接工作。

①交班船员应按规定做好交接准备工作，抓紧完成阶段性工作，集中并整理好各种应交物品，以便随时进行交接。

②接班船员到船后，应立即向直接领导人报到并按指示抓紧接班，不得借口拒绝或拖延接班。

③交接时交方应耐心细致，接方要虚心勤问，不含糊接班。

④交接船员中凡涉及事故处理，如各种海、机损报告以及保险索赔等手续，当事人和有关负责人均应亲自办理完毕。

⑤交接完毕应共同向直接领导人汇报交接情况，经其认可或监交签署后，交接方告完毕。在此之前，工作由交班船员负责，之后由接班船员负责。持有适任证书的职务船员，不论离职或到任，应由船长、轮机长分别在

有关日志上记载并签署。

二、交接工作

调离交接工作由实物交接、情况介绍和现场交接 3 部分进行。

1. 实物交接

个人保管的工具、仪表、图书资料、文件、公用衣物、住室门和柜的钥匙，均应按配备清单逐项清点交接。实物交接时应介绍情况。

2. 情况介绍

①本船和本部门的概况、特点、总的技术状况和存在的主要问题。

②涉及本部门和本职的各项规章制度。

③本岗位在本船的具体分工、职责及有关规定。

④本职在应变部署表中的岗位和职责，实地交代救生衣、应变任务卡及应携带或操作的设备和器材的位置、用途和使用方法等。

3. 现场交接

双方共同到设备现场和工作场所，由交方详细介绍。

①所管理的设备及其附属设备、装置、仪（表）器和工具。

②有关管系、（电）线路的各种阀门和开关等。

③各种安全应急设备（或装置）的位置及操作方法。

④油、水柜的分布。

⑤结合实物交接弄清各种属件、备件、工具、物料的存放位置、储存情况等。

⑥其他需要说明或强调的问题。

第四节　驾驶、轮机联系制度

一、开航前

①船长应提前 24h 将预计开航时间通知轮机长；轮机长应向船长报告主要机电设备情况、燃油存量；如开航时间变更，须及时通知更正。

②开航前 1h，值班驾驶员应会同值班轮机员核对船钟、车钟和试舵等，并分别记入航海日志、轮机日志及车钟记录簿内。

③主机试车前，值班轮机员应征得值班驾驶员同意。待主机备妥后通知驾驶台。

二、航行（作业）中

①船舶进出港口或通过狭水道、浅滩、危险水域或锚泊等情况时，驾驶台应提前通知机舱准备。判断将有风暴来临时，船长应及时通知轮机长做好各种准备。

②如因机械故障不能执行航行命令时，轮机长应组织抢修并通知驾驶台。停车应先征得船长同意，若情况紧急，将造成严重机损或人身伤亡时，可先立即停车并报告驾驶台。

③轮机部如调换发电机、并车或暂时停电，应事先通知驾驶台。

④在应变情况下，值班轮机员应立即执行驾驶台发出的信号，及时提供所要求的水、气、电等。

⑤船长和轮机长共同商定的主机各种车速，除非另有指示，值班驾驶员和值班轮机员都应严格执行。

⑥船舶到港前，应对主机进行停、倒车试验。

⑦轮机长应及时将本船存油情况通知船长。

三、停（锚）泊时

①抵港或（锚）泊后，船长应告知轮机长本船的预计动态，若有变化应及时联系；机舱若需检修影响动车设备，轮机长应事先将工作内容和所需时间报告船长，取得船长同意后方可进行。

②值班驾驶员应将装卸鱼货情况随时通知值班轮机员，以保证安全供电。

③对船舶压载的调整，以及可能涉及海洋污染的任何操作，驾驶和轮机部门应建立有效的联系制度。

④每次添装燃油前，轮机长应将本船的存油情况和计划添装的油舱以及各舱添装数量告知船副，以确保船舶的平衡及稳性。

第五节　轮机日志的记载规定

船舶必须持有规定格式的轮机日志。轮机日志是反映船舶机电设备运行和轮机管理工作的原始记录，是船舶法定文件之一，必须妥善保管。轮机日志的记载必须真实，不得弄虚作假、隐瞒重要事实、故意涂改内容。渔港监督局是实施监督管理的主管机关。

一、记载规定

①轮机日志应依时间顺序逐页连续记载，不得间断，不得遗漏，不得撕毁或增补。

②轮机日志应使用不褪色的蓝色或黑色墨水填写。填写时数字和文字要准确，字体端正清楚。如果有记错，应当将错字句标以括号并划一横线（被删字句仍应清晰可见），然后在括号后方或上方重写，并签字。计量单位，一律采用国家法定单位。

③轮机日志由值班轮机员填写。至少每 2h 记载 1 次。

④轮机长全面负责监督审查轮机日志的记载内容及保管工作。轮机长必须每日定时认真查阅轮机日志的记载情况，对各栏目内的内容进行审核，确认无误后签字。轮机长离任时，应由离任轮机长和接任轮机长在轮机日志上签字。

⑤记录数据的精度应按该仪表的精度等级记载。

二、记载内容

①船长、轮机长的命令，值班驾驶员的通知。

②主机启动、停止的时间，正常运行的各种参数。

③柴油发电机组及其他重要辅助机械设备的启用时间、停止时间和各种参数。

④船舶离靠码头、进出港口、航行于危险航区的时间、地点。

⑤驳油、驳水情况，燃油舱转换及轻重燃油转换的时间。

⑥机电设备发生故障及恢复正常的时间。

⑦其他需要记载的事项。

⑧大事记栏由轮机长或管轮负责填写，应当记载下列内容：

a. 船舶的重要活动（如船舶检验、进厂修理、试航、各种应变演习等）。

b. 每日的检修工作。

c. 燃润油加装的时间、地点、品种及数量。

d. 机电设备发生故障的原因及其处理经过。

e. 船舶应急设备的检查、试验情况。

f. 船舶重要设备的更换或检修及明火作业情况。

g. 船舶发生海损、机损事故的时间、地点、主要经过及其处理情况。

h. 轮机部人员的重大人事变动。

i. 其他需要记载的重大事项。

第七章 常用量具和常用
单位及单位换算

第一节 常用量具

一、塞尺

塞尺又称厚薄规，是用来测量间隙大小的一种简易量具。根据实际需要，可以选择不同的规格。

1. 使用方法

在使用塞尺时，应根据零部件间的间隙大小，选用适当的塞片塞入，不能太松或硬塞，要调整到恰好为止。一般以来回抽动塞片感觉稍有阻力但能拔出为宜。

2. 应用场合

在渔业机械中，一些装配零部件的配合间隙，如柴油机的气阀间隙、柴油机主轴承间隙、柴油机活塞搭口、天地间隙等的测量都需要用塞尺进行测量。

二、游标卡尺

游标卡尺是工业上常用的测量长度的仪器，可直接用来测量精度较高的工件，如工件的长度、内径、外径以及深度等，如图7-1所示。

1. 游标卡尺的种类

游标卡尺作为一种被广泛使用的高精度测量工具，由主尺和附在主尺上能滑动的游标两部分构成。一般按游标的刻度值来分，游标卡尺可分0.1mm、0.05mm、0.02mm三种。

2. 游标卡尺的读数方法

如图7-2所示，以刻度值0.02mm的精密游标卡尺为例，读数可分3步：

①根据副尺零线以左的主尺上的最近刻度读出整毫米数。

②根据副尺零线以右与主尺上的刻度对准的刻线数乘以0.02读出小数。

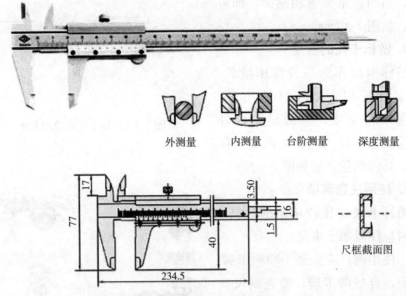

图 7-1　游标卡尺测量示意图（单位：mm）

③将上面整数和小数两部分加起来，即为总尺寸。

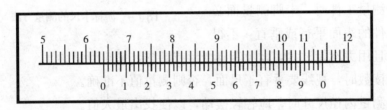

图 7-2　0.02mm 游标卡尺的读数示例

如上图所示，副尺 0 线所对主尺前面的刻度 64mm，副尺 0 线后的第 9 条线与主尺的一条刻线对齐。副尺 0 线后的第 9 条线表示：

$$0.02×9＝0.18mm$$

所以被测工件的尺寸为：

$$64＋0.18＝64.18mm$$

3. 游标卡尺的使用方法

将量爪并拢，查看游标和主尺身的零刻度线是否对齐。如果对齐就可以进行测量；如没有对齐则要记取零误差：游标的零刻度线在尺身零刻度线右侧的叫正零误差，在尺身零刻度线左侧的叫负零误差（这种规定方法与数轴的规定一致，原点以右为正，原点以左为负）。测量时，右手拿住尺身，大拇指移动游标，左手拿待测外径（或内径）的物体，使待测物位于外测量爪之间，当与量爪紧紧相贴时，即可读数，如图 7-3 所示。

4. 游标卡尺的应用

游标卡尺作为一种常用量具，其可具体应用在以下 4 个方面：①测量工件宽度；②测量工件外径；③测量工件内径；④测量工件深度。具体测量方法如图 7-4 所示。

5. 使用注意事项

游标卡尺是比较精密的量具，使用时应注意如下事项：

①使用前，应先擦干净两卡脚测量面，合拢两卡脚，检查副尺 0 线与主尺 0 线是否对齐，若未对齐，应根据原始误差修正测量读数。

②测量工件时，卡脚测量面必须与工件的表面平行或垂直，不得歪斜；且用力不能过大，以免卡脚变形或磨损，影响测量精度。

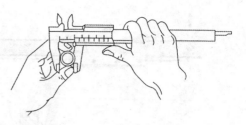

图 7-3　游标卡尺的使用方法

测量宽度　　　　测量外径

测量内径　　　　测量深度

图 7-4　游标卡尺的测量方法

③读数时，视线要垂直于尺面，否则测量值不准确。

④测量内径尺寸时，应轻轻摆动，以便找出最大值。

⑤游标卡尺用完后，仔细擦净，抹上防护油，平放在盒内。以防生锈或弯曲。

三、百分表

1. 百分表概述

百分表是一种精度较高的比较量具，它的刻度值为 0.01mm。它只能测出相对数值，不能测出绝对值。百分表在船舶上主要用来测量机械零件的形状、位置变化或误差等机械测量，如气缸套的圆度和圆柱度、曲轴拐档差及其他机械零件的平面度、平行度、直线度等，直接利用测量的数据进行计算并分析。

2. 百分表的结构

百分表的构造主要由 3 个部件组成：表体部分、传动系统、读数装置，如图 7-5 所示。

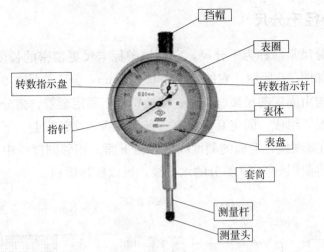

图 7-5　百分表外形图

3. 百分表的读数方法

百分表的读数方法为：先读小指针转过的刻度线（即毫米整数），再读大指针转过的刻度线（即小数部分），并乘以 0.01，然后两者相加，即得到所测量的数值。

4. 使用百分表的注意事项

①使用前，应检查测量杆活动的灵活性。轻轻推动测量杆时，测量杆在套筒内的移动要灵活，无任何卡住的现象，每次手松开后，指针能回到原来的刻度位置。

②使用时，必须把百分表固定在可靠的夹持架上。切不可贪图省事，随便夹在不稳固的地方，容易造成测量结果不准确，或摔坏百分表。

③测量时，不要使测量杆的行程超过测量范围，不要使表头突然撞到工件上，也不要用百分表测量表面粗糙度或有显著凹凸不平的工件。

④测量平面时，百分表的测量杆要与平面垂直，测量圆柱形工件时，测量杆要与工件的中心线垂直，否则将使测量杆活动不灵或测量结果不准确。

⑤为方便读数，在测量前一般都让大指针指到刻度盘的零位。

5. 百分表维护与保养

①远离液体，不使冷却液、水或油与内径表接触。

②在不使用时，要摘下百分表，使表解除其所有负荷，让测量杆处于自由状态。

③成套保存于盒内，避免丢失与混用。

四、外径千分尺

外径千分尺常简称为千分尺，它是比游标卡尺更精密的长度测量仪器，常见的一种如图 7-6 所示，它的量程是 0～25mm，分度值是 0.01mm。外径千分尺的结构由固定的尺架、测砧、测微螺杆、固定套管、微分筒、测力装置、锁紧装置等组成。固定套管上有一条水平线，这条线上、下各有一列间距为 1mm 的刻度线，上面的刻度线恰好在下面二相邻刻度线中间。微分筒上的刻度线将圆周分为 50 等分的水平线，可以旋转运动。

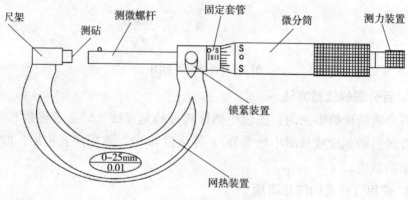

图 7-6　外径千分尺

1. 使用方法

①清洁千分尺的尺身和测砧。

②将千分尺校对零线。

③将被测件放到两工作面之间，调微分筒，使工作面快接触到被测件后，调测力装置，直到听到"嗒、嗒、嗒"时停止。

2. 读数方法

被测值的整数部分要在主刻度上读（以微分筒端面所处在主刻度的上刻线位置来确定），小数部分在微分筒和固定套管（主刻度）的下刻线上读。读数＝固定刻度＋半刻度＋可动刻度。当下刻线出现时，测量数值＝固定刻度＋0.5＋微分筒上读数，当下刻线未出现时，测量数值＝固定刻度＋微分筒上读数。

如图 7-7 所示，读套筒上侧固定刻度为 3，下侧在 3 之后，也就是 3＋0.5＝3.5，套管刻度与 25 对齐，即 25×0.01＝0.25，测量数值＝3＋0.5＋0.25＝3.75。

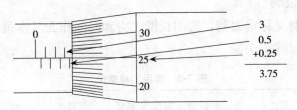

图 7-7 外径千分尺读数示例

3. 使用注意事项

①使用时要先校对零线。如不能对准零线，应停止使用，报计量室调试校准。

②使用完毕，要擦净上油，放到盒内，注意不要锈蚀或弄脏。

第二节 常用单位及换算

一、常用单位

渔船上的常用计量单位可分为：国际单位制、工程单位制、英（美）单位制和惯用习惯单位制。在渔业生产中应优先使用国际单位制和我国选定的其他计量单位。

1. 国际单位制（SI 制）

《中华人民共和国计量法》规定："国家采用国际单位制。国际单位制计量单位和国家选定的其他计量单位，为国家法定计量单位。"

国际单位制中，选用长度、质量和时间等 7 个基本量，其他单位为导出量（表 7-1、表 7-2）。

表 7-1　国际单位制的基本单位

物理量	长度	质量	时间	电流	物质的量	光强度	温度
单位（名称、符号）	米 (m)	千克 (kg)	秒 (s)	安［培］ (A)	摩［尔］ (mol)	坎［德拉］ (cd)	开［尔文］ (K)

表 7-2　国际单位制的常用导出单位

物理量	功率	能量	力	压强	速度	加速度
单位（名称、符号）	瓦［特］ (W)	焦［耳］(J)	牛［顿］(N)	帕［斯卡］ (Pa)	米/秒 (m/s)	米/秒^2 (m/s^2)

2. 工程单位制

工程单位制又称重力制，选用长度、力和时间作为基本量的单位制，其他单位为导出量（表7-3）。

表7-3　常用工程单位

物理量	长度	力	时间	速度	热量	压强	功	功率
单位（名称、符号）	米 (m)	千克力[①] (kgf)	秒 (s)	米/秒 (m/s)	焦 (J)	千克力/米² (kgf/m²)	千克力米 (kgf·m)	千克力米/秒 [(kgf·m)/s]

注：[①]千克力为我国非许用单位，1千克力＝9.806 65牛顿。

3. 英（美）单位制

英（美）单位制以磅和码作为基本单位的度量衡制度。常用的英（美）单位见表7-4。

表7-4　常用英（美）单位

长度	面积	质量	力	体积	功率	速度
英寸[①]（inch） 英尺[②]（foot） 码[③]（yard）	英寸² (in²)	英磅 (ib)	磅力 (ibf)	英(美)加仑 (gal)	马力 (HP)	英尺/秒 (ft/s)

注：[①]英寸、[②]英尺、[③]码为我国非许用单位。

4. 惯用单位制

在渔船的实际生产过程中，渔民较多沿用过去传统的惯用单位制作为交流和沟通的计量单位，比如，水有多深往往用"人（约1.5m）"来形容；渔获量多少往往用"担（约50kg）"作为计量单位等。

二、常用单位的换算

1. 长度单位及其单位换算

长度计量单位种类繁多，现我国采用国际单位制（SI制），以"米（m）"作为长度的基本单位，常用长度单位间的换算关系见表7-5。

表7-5　常用长度单位的换算

单位	米（m）	千米（km）	海里（n mile）	英尺（ft）	英寸（in）
米	1	0.001		3.280 84	
公里	1 000	1			
海里	1 852	1.852	1		

（续）

单位	米（m）	千米（km）	海里（n mile）	英尺（ft）	英寸（in）
英寸	0.025 4			0.083 33	1
英尺	0.304 8			1	

2. 面积单位及其单位换算

物质的表面或围成的平面图形的大小，称之为它们的面积。在各种不同的常用单位中，面积单位间的换算关系见表 7-6。

表 7-6　面积单位的换算

米²（m²）	厘米²（cm²）	英尺²（ft²）
1	10 000	10.764

3. 体积（容积）单位及其单位换算

体积是指物质或物体所占空间的大小或占据一特定容积的物质的量。船上一般通过舱室体积（容积）的大小来计算能储存多少燃（滑）油量或淡水量。体积（容积）的基本单位是米³（m³）。在各种不同的常用单位中，体积单位间的换算关系见表 7-7。

表 7-7　体积单位的换算

米³	升（分米³）	英加仑	美加仑	英寸³
1	1×10^3	220.09	264.20	1 023.8

4. 温度单位及其单位换算

温度是表征物体或空间冷热程度的物理量。温度只能通过物体或空间随温度变化的某些特征来间接测量，而用来或测量的数值的标尺叫温标。目前，国际上普遍使用的温标主要有华氏温标（℉）、摄氏温标（℃）和开氏温标（K）。换算关系如下：

开氏温度（K）＝摄氏温度＋273.15

华氏温度＝9/5 摄氏温度＋32

5. 重量单位及其单位换算

质量是表示物体含有的物质的多少的物理量。主要单位有：千克（kg）、克（g）、吨（t）、盎司等。而重量，又称重力，是由于地球的吸引而受到的力（万有引力）的度量，主要单位有：牛［顿］(N)、千克力（kgf）。

因此，重量和质量是有本质的区别。但从历史上来看，衡量重量比衡量质量简单得多，实际上这两个概念并没有区别，人们日常生活中常使用千克作为重量和质量的单位的同义词。

质量的国际标准单位是"千克（kg）"，重量的国际标准单位是"牛［顿］（N）"。常用单位间的换算关系见表 7-8。

表 7-8　重量单位的换算

牛［顿］（N）	千克力（kgf）	克力	吨力	英磅力
1	0.102	102	0.000 102	0.224 8

6. 压强单位及其单位换算

压力和压强是有着本质区别的两个物理量。压力是指垂直作用在物体表面上的力，单位为"牛［顿］（N）"；而压强是指物体单位面积上受到的压力，是压力和面积之商。标准单位是"帕［斯卡］（Pa）"，简称"帕（Pa）"。由于帕（Pa）计量单位数值太大，常用兆帕（MPa）来计量，如：1 千克力/厘米^2（kgf/cm^2）=0.098 兆帕（MPa）。

实际生产生活中，人们往往把压力和压强混为一谈，用压力来表示压强。压力表上的读数其实都是表示压强。常用压强单位间的换算关系见表7-9。

表 7-9　常用压强单位间的换算

大气压（atm）	巴（bar）	千克力/厘米^2（kgf/cm^2）	帕［斯卡］（Pa）	毫米汞柱[①]（mmHg）	米水柱[②]（mH$_2$O）
1	1.013	1.033	101 325	760	10.33

注：[①]毫米汞柱和[②]米水柱为我国非许用单位。

7. 功率单位及其单位换算

功率是指单位时间内所做的功。在国际单位制中，功率的单位是"瓦特（W）"。除此之外，功率的单位常用千瓦（kW）、马力（HP）等。常用的功率单位换算关系见表 7-10。

表 7-10　常用功率单位的换算

千瓦（kW）	瓦（W）	公制马力[①]（ps）	英制马力[②]（HP）	千克力米/秒［(kgf·m)/s］
1	1 000	1.36	1.341	9.8

注：[①]公制马力和[②]英制马力为我国非许用单位。